〔美〕罗杰·路易斯（Roger Lewis） 著

李文勃 译

建筑师？

——建筑人生的白纸到蓝图（第3版）

U0247209

清华大学出版社

北京

内 容 简 介

本书系统介绍了从选择建筑学作为自己的大学专业，到大学学习过程中碰到的问题，包括美术、计算机、生态、房地产、商科的交叉学习，以及职业发展过程中遇到的挑战，包括注册建筑师考试，建立自己的业务系统，与客户打交道，与其他学科进行合作。

本书是难得的建筑学专业学习及从业指南学术读物。

Architect?: a candid guide to the profession / Roger K. Lewis. —Third Edition.

Lewis, Roger K.

© 2013 Massachusetts Institute of Technology

Originally published in 1985, 1998

All rights reserved.

北京市版权局著作权登记号 图字：01-2015-4176

版权所有，侵权必究。侵权举报电话：010-62782989　　　13701121933

图书在版编目 (CIP) 数据

建筑师？：建筑人生的白纸到蓝图：第3版 / (美) 罗杰·路易斯 (Roger Lewis) 著；李文勍译. — 北京：清华大学出版社，2017

书名原文：Architect?: a candid guide to the profession

ISBN 978-7-302-46995-7

Ⅰ. ①建… Ⅱ. ①罗… ②李… Ⅲ. ①建筑学 – 通俗读物 Ⅳ. ①TU-0

中国版本图书馆 CIP 数据核字（2017）第 078655 号

责任编辑：张占奎
封面设计：陈国熙
责任校对：赵丽敏
责任印制：杨　艳

出版发行：清华大学出版社
　　　　　网　　　址：http://www.tup.com.cn，http://www.wqbook.com
　　　　　地　　　址：北京清华大学学研大厦 A 座　　　　邮　　编：100084
　　　　　社 总 机：010-62770175　　　　　　　　　　邮　　购：010-62786544
　　　　　投稿与读者服务：010-62776969, c-service@tup.tsinghua.edu.cn
　　　　　质量反馈：010-62772015, zhiliang@tup.tsinghua.edu.cn
印 装 者：三河市春园印刷有限公司
经　　销：全国新华书店
开　　本：152mm×228mm　　印　张：19.5　　字　　数：252 千字
版　　次：2017 年 7 月第 1 版　　　　　　印　　次：2017 年 7 月第 1 次印刷
定　　价：58.00 元

产品编号：062711-01

献给建筑专业的学生们，让我们互相学习，共勉进步。同时献给我的同事、朋友，特别是我的家人们。

序言

　　建筑师，对于那些以此为职业的人们来说，会十分自豪自己身怀禀赋，他们精通艺术和科技，用自己的创造力为人们营建出安全、舒适、美观的生活、工作环境。建筑师，对于那些圈子外的大众来说，会有一种让人羡慕的神秘魅力，他们能够将自己的思考转变成现实，让城镇街区、楼宇广厦拔地而起。

　　在人类文明历史中，建筑师们成为不同时期地域文明符号的设计者和践行者，虽然建筑师自己也会随着时间流逝而不在，但是他们突破万难实现创作的精神却和自己的作品永远结合在一起，穿越时间的长河与后来人的精神碰撞，进行着灵魂的对话。这是所有以建筑为事业追求的朋友们，都为之兴奋并孜孜不倦创作的动力。

　　建筑师的修炼是一辈子的，他们会在修炼的道路上饱尝酸甜苦辣，看遍芸芸众生，他们会在修炼的道路上不断求索追问：要不要做一名建筑师？怎样才能成为一名建筑师？如何修炼成长为创造力精湛的建筑大师？回答这些问题，需要那些在专业培养上沉淀感悟，在创作实践上经验丰富，在教育学术上成就显赫的过来人，向你娓娓道来。

　　这就是《建筑师?——建筑人生的白纸到蓝图》的初衷，本书的作者罗杰·路易斯教授毕业于美国麻省理工学院建筑系，是美国建筑师协会会员（The American Institute of Architects FAIA），他协助组建美国马里兰大学建筑学院的建筑学科项目，并从1968年开始执教直到2006年。他更是一名非常出色的建筑实践者，重视在教学科研中融入实践反思，其在美国首都华盛顿的建筑事务所获得了很多的设计奖项。他于1998年被美国联邦总务管理署（General Service

Administration，GSA）任命为杰出设计同业委员会委员（Design Excellence National Peer Committee）审核美国联邦政府的大型建筑项目。他还一直是华盛顿邮报（The Washington Post）的专栏作家，其风趣幽默的插画和通俗易懂的文笔受到广大读者的强烈好评。他的很多著述出版物都被翻译成了不同的文字畅销世界各地，尤其是本书，从 20 世纪 80 年代开始历经三次更新改版，成为美国建筑教育、实践类书目中最为畅销的书籍之一。

非常荣幸，清华大学出版社可以与美国麻省理工学院出版社合作，将本书带给中国的广大读者们。无论你是希望进入建筑学科学习，或刚刚准备开始建筑实践；无论你是步入成熟的建筑师，或是从事与建筑有关的房地产、金融投资、市政管理等行业而需要与建筑师打交道的朋友们；或者你就是一位建筑的爱好者，罗杰·路易斯教授的《建筑师？——建筑人生的白纸到蓝图》都会成为帮助你生动、客观地了解建筑师的"良师益友"。

庄惟敏

2017 年 3 月

写给中国读者的话

我非常荣幸，也非常欣喜，清华大学出版社将要发行我的著作《建筑师？——建筑人生的白纸到蓝图》的最新版本。

在 1985 年，麻省理工学院出版社发行了这本书的第一版，然后我在 1996 年修订更新了第二版，在 2013 年这本书的第三版也面世了。虽然几经改版，但是本书的宗旨与核心内容仍然得以保留。

本书图文并茂，其中很多卡通插画都是我为《华盛顿邮报》上我的专栏"塑造城市"而绘制创作的。文字配以幽默的图例，分析、描绘并解析了美国的大学如何教授建筑学科，以及建筑师们如何在美国从事实践工作。书中不仅针对建筑学科的教育和职业实践，同时也对那些建筑学科的教授和建筑从业者们的天赋、技能、审美哲学和理论，以及他们诸多的个人性格特点给予了非常坦率的解读并分享了感悟。

中国的很多建筑教育和实践系统，以及建筑师们所关注的日常问题都和美国有诸多的相似性。因此，我相信本书将会对中国广大读者增长见闻、激发思考有诸多的助益。无论你是正在考虑学习建筑，还是已经踏入了建筑学习之旅的学生；无论你是建筑学科的教授，还是建筑行业的从业者，这本书都将会对你有所启发。甚至对于中国的投资专业人士、银行家、房地产开发者、施工承包单位，以及公共事务官员——这些致力于策划、融资、施工或管理建筑行业的朋友们——也会欣喜地领会到这本书所带来的价值。

本书的中文版推出时间可谓恰到好处。中国正经历着人口、经济以及城市的飞速发展。这需要建造大量的新城市社区、新建筑体以及新基础设施，所有这一切都需要得到完善的设计。我的这本书，其目的就在于揭示出只有当建筑师和城市规划师，与其他众多的参与创造物质环境的组织机构和个人达到良好的协同配合，才能让我们的生活环境真正实现舒适宜居。

罗杰·路易斯

译者序

相信很多朋友都会和我当年一样，从高考填志愿起，就心生好奇：我选择的专业究竟是一个怎样的世界呢？我的兴趣与天资是否能够胜任大学的专业学习呢？当我完成了学校教育之后，是否值得用一生的时间继续在这个专业领域探究求索呢？

局限于年龄阅历和教育资源，这些问题往往要经过无数次的试错才能够获得答案。试错本身并不可怕，可怕的是没有参考漫无目的的试错，很可能付出了青春却依然无解。

我对专业的认知是从国内读本科开始：建筑是那样的波澜壮阔，城市化的迅猛让建筑师几乎成了"造物主"。随后读研期间，大范围基建城镇化接近尾声，建造市场也降了温。

毕业后我在美国一家达拉斯的建筑事务所工作，了解到美国在完成了城市化基建后，结合市场诞生了新机遇：建筑融合到教育、医疗、环境、计算机等领域，成为跨学科的新平台。我的老板 Matt Mooney 建议我去美国大学深造，找到属于自己的"建筑平台"；他对我说：21 世纪是属于中国的，实现这个目标需要机遇和人才，你要找到理解机遇的人。

于是我从实体建造中跳出来，去理解"建筑平台"：我希望求学于从中国走出来赢得世界声望的前辈：时任美国南加州大学建筑学院院长的马清运教授。后来也正是在马院长和建筑系主任 Selwyn Ting 的支持下，我转到了 Marshall 商学院学习商科。

商学院彻底改变了我对经济产业结构的认知。这期间我综合了建筑、计算机、商科所学，完成了国内商业地产中第一个算法参数化的商业项目——五道口西街一号，亲身体会到了建筑跨学科平台的生命力。

回国后，在清华大学建筑学院院长庄惟敏教授的支持下，我组建了建研院 6A2 建筑工作室。回到校园，我一直在思考教育的发展，直到 2013 年在美国斯坦福大学书展中与《建筑师?——建筑人生的白纸到蓝图》一书邂逅。我坚信这本在美国畅销 30 余载、影响美国建筑师、教师、学生几代人的经典，对中国教育的影响会是巨大的。庄惟敏教授对我的学术出版愿望全力支持。

随后，我基于建筑教育的课题，走访了房地产界高管、政府机构官员、社会公益组织发起人、建设工程公司管理层，并向清华大学经管学院和计算机系的教授请教建筑交叉学科的课题，将美国与中国的建筑教育发展做了比对性研究，以更准确地传达原著精髓。

2017 年清华大学校庆，《建筑师?——建筑人生的白纸到蓝图》顺利在中国出版发行。感谢清华大学出版社张占奎主任的辛苦校审；麻省理工大学出版社 Bill Smith 和 Samantha 提供的学术支持；以及原作者 Roger Lewis 教授对我的充分信任。

感谢我的父母一直毫无保留支持我的一切人生决定，他们放养的教育理念塑造了我的一切。最后感谢我的爱人玥颖，付出了大量的家庭时间帮助我完成学术出版的夙愿。

虽竭尽全力，但限于所学，书中难免有认知不足，欢迎读者朋友们交流指正。

李文劼

2017 年 4 月

清华大学　伍舜德楼

前言

当我撰写本书第一版时，就开始关注建筑学的专业性，我的目标就是将建筑教育和实践的本质能够讲解清晰。我想清晰又坦诚地告诉新入学的建筑专业的学生和未来的建筑师们，他们会面临些什么。那时候，这样的一本书在建筑学著述中似乎还比较缺乏。

1998 年，当这本书的第二版发行时，除了针对建筑文化和建筑实践的部分以外，我对这本书的目标定位并没有改变。当时，职业发展和建筑教学，以及学位项目都已经变得越来越多样化了。当时的计算机应用呈现指数级的增加。新的建筑哲学、理论以及探索的方向已经逐步展现出新的一面。加上我自己对建筑的认知、解读和评判，伴随着我的写作水平也在不断地提升。除了更新和强化一些文字内容外，我还增加了更多的插图来增加本书的视觉叙事能力。出于同样的原因，很多插图也都即时更新了。因此，和之前版本的相似之处是，这一版本讨论了自 1998 年第二版出版以来，建筑专业领域的发展变革。

但是，尽管是最新版本，本书依然还是遵循其最初的宗旨：非常坦诚真实地展现出成为和作为一名建筑师的真实过程。这些主观的呈现，大体上是依照我自身的经验、观察和分析，揭露出成为一名建筑专业学生，和随后成为一名实践型建筑师，这一路上所经历的各种挑战和复杂性，苦恼和欣喜。本书主要关注点在于建筑的实践，正是为了这个目的，大部分的建筑师才要接受教育，大部分未来的建筑师们的目标也是投身于建筑实践。但是，本书也讨论了除了建筑实践以外，毕业以后的建筑师还能在哪些相关领域开辟自己的事业。

我 1967 年从建筑学院毕业以后，一直从事大量与建筑相关的教学、实践和写作。我为成百上千的建筑初学者提供过咨询、指导和就业岗位。但是很少有人在准备成为建筑师之前，能够理解他们即将要投身的环境究竟是什么样的，无论是在置身于建筑教育之前，还是在接受过建筑教育之后。我成年累月地重复回答着一些问题：做一名建筑师是什么样的？这些大多由学生、客户和其他人一直在询问的问题，激发了我一遍又一遍地讲述着建筑师们的故事。

本书适用于那些经过深思熟虑决定要成为一名建筑师的人：包括高中生和大学生们，毕业后又决定重新返回学校求学的人们，刚刚入学的建筑专业的学生们，以及刚刚毕业的年轻的建筑师们。职业生涯导师和学术辅导员应该在为学生做咨询指导之前阅读和参考本书的内容。建筑师的客户和潜在客户应该阅读本书了解他们所雇用、敬仰或恶语相向的建筑师们的真实生活写照。最后，建筑师们应该阅读此书，用来对照书中所述是否有与自己的观点和个人经历，有共鸣或有矛盾的地方。

一些读者希望了解到基本的知识体系，另一些读者希望在基础之上再细化研究并能从书中获得更多的评论注释。我一直在书中努力地完善这两方面的内容，甚至读者们会发现我的这种努力所展现出的丰富程度已经满足并超越了这两类读者的需求。我希望书中的补充文字和插图可以帮助阐明和证实书中的很多论点，当然，这些论点只是代表我的个人观点。

本书的内容针对特定的话题进行展开，但几乎没有笔者本人的论调。于我而言，首次写作和重编本书都是在做对比性的探索。建筑教育内在的故事和实践就是二元性：成功和失败，接受和拒绝，单调乏味和兴致盎然，倾情投入和理想幻灭。成为和作为一名建筑师的历程可以是甜蜜的，也可以是苦涩的。尽管针对这些历程，我的观点并没有全部与读者们分享，但是提出的问题至少是出于坦诚和对读者有益的。任何阅读此书的朋友都会得出心中追寻的真相：无论这个真相你喜欢还是不喜欢。

致谢

我深深地感激着很多人，但是因为亏欠的人太多而无法一一列举——我的朋友们，在实践和教学工作中的同事、客户们。马里兰大学建筑、规划及历史保护学院的院长和教员们，我在这里从事教学工作 37 年，他们对我工作上的支持，已经远远超过了实际工作室和教室的范围。同时，也感谢 MIT 出版社将近 30 年来的努力，出版社的组稿编辑（美国的出版集团分为组稿编辑和文字编辑）Roger Conover，一直在兢兢业业地工作以保证这本书的持续畅销。

经过这么多年，本书前两个版本吸引了无数的读者，他们中的很多人现在已经成为建筑师，一直都和我保持联系并提出问题和评论，我对此深表感激。尽管是我本人对书中所言所感负全责，但这本书能够得以呈现给广大读者，包括很多修订校对工作，都得益于悉心听取了众人的建议。

当我在 1984 年完成了本书的第一稿时，我也开始创作 "Shaping the City"，一个《华盛顿邮报》每周专栏中关于建筑和城市主义的板块。这个独特的新闻工作让我有机会一直能进一步提高自我，同时也打磨了我的写作水平和插画技能，对此我深表感谢。本书第三版中的很多插画都是首次出现在 "Shaping the City" 专栏中的。

当然，对我事业支持最大的莫过于我的爱妻，Ellen，她经常鼓励我要让本书跟上时代。我特别感谢她对我事业的推动和默默地承担着生活中的一切。

导读

1960 年，我在麻省理工学院（MIT）读大学二年级，在严重的消沉萎靡中，我决定换专业，从物理转到建筑。那一年，我 19 岁。在我 17 岁时，我考入了麻省理工学院，为成为一名科学家或者工程师做准备，但是在大学过了四个学期之后，我突然遭遇了很多大学生都曾经有过的失落感：我不知道我以后究竟要成为什么，又能做些什么。我只是知道我想从事那些看得到、摸得着、触手可及的三维现实世界中的科学，而不是在量子物理学的神奇世界里找寻自我。

我求助过家人的建议，也咨询过麻省理工学院的教导主任。因为我一直热爱绘画，也具备一定的技术能力，对我深表同情的教导主任建议我不妨考虑一下建筑学。我之前从未考虑过这种可能性，而且对建筑学也一无所知。当我第一次进入麻省理工建筑学院参观时，满墙面挂着的绘图和散落周边的工作模型极大地激发了我的兴趣。我很快就思量起来："靠这些就能挣到学分了？"在那个倍感迷茫压力的春天里，建筑学看起来就是我一直在追寻的方向。

下定决心以后，我对建筑学的了解也依然很有限，但并不妨碍我对建筑学的期盼：美妙绝伦的浪漫气息，崇高伟大的职业带来的丰厚回报，财富、名望、理想主义催生而成的艺术与技术的完美结合，以及无穷的创造力。作为一名建筑师，我可能会在某一天统领着各种社会资源、精通多种专业技能，创造出一个又一个艺术精品，并通过建造这一切，将我的梦想付诸实现。我既是通才又是专才，一位被世人公认的专业人士，不但是一位文明的创造者，还能够为贫苦大众提供服务，急之所急。

那些我心目中的英雄，诸如弗兰克·劳埃德·赖特（Frank Lloyd Wright）、勒·柯布西耶（Le Corbusier）、艾里尔·沙里宁（Eero Saarinen），伴随着摩天大楼的视觉冲击和精美的渲染图，一并涌入了我的脑海。这个令人兴奋的领域里，充满了艺术、建造、具有高尚品位的客户、礼貌恭敬的公众，以及 20 世纪 60 年代一心回报社会的文化意识的召唤。建筑师看起来就是身在其中，精心策划编排着一场真实世界的歌舞剧。

回想起当初，我和其他选择从事建筑事业的人们并无不同。人们选择一个职业的理由千百种，但在当初做决定时，大都是知之甚少。很多职业在外行看起来，都是神秘莫测，奇妙无穷，但直到自己投入其中放手开干以后才能有更深入的理解。建筑业也不例外，只不过相对其他行业而言，对建筑真实性的认知反差会更大。无数的学生、客户以及建筑的消费者们对建筑师的思考方式和在社会中所扮演的角色都知之甚少，甚至还有错误的认识。事实上，大部分的人对会计、银行家、飞行员、医生、卡车司机、律师、电脑程序员或者水暖工的了解，都要比对建筑师的了解多得多。

很少有人会去聘用一名建筑师。甚至大部分的生活圈子中，连一位建筑师都没有。社会大众顶多能够从电影、电视作品中了解建筑师：比如 *Ayn Rand's* 的电影版本——*Fountainhead* 这部作品中，Gary Cooper 所扮演的 Howard Roark，彬彬有礼、蓝眼睛的 Paul Newman 在他位于 Inferno 大厦的办公室里查看电子分析图；或者 Charles Bronson 在影片 *Death Wish* 系列中怀揣着复仇心的建筑师，主要的活动就是在纽约和芝加哥的街道和地铁上枪杀流氓；情景喜剧 *Seinfeld* 的粉丝们能够回想起欢乐又倒霉的 George Costanza，由 Jason Alexander 扮演，他十分渴望成为一名建筑师，有时甚至要假装自己是一名建筑师。

建筑师在电影和电视剧作品中经常以英雄、恋人、傻瓜，或者恶棍的形象示人。但是比起另一些演绎，比如医生就为医疗，律师就为

诉讼，警察就为执法这些角色来说，建筑师的荧幕形象还是让人有点摸不着头脑。

　　以下的这些描述，可能不会那么大众流行、通俗易懂，但会为那些有志成为建筑师以及所有和建筑师打交道的人们，揭示出：要不要成为一名建筑师。这些介绍包括：需要学习什么知识才能成为一名建筑师，以及建筑教育到底起着什么作用。并讲解说明建筑师与那些从事建筑教学的人们，如何思考和工作，以及当他们在努力让建筑环境更加宽敞便利、优美动人、更具备可持续发展潜力时，都在关注些什么。

目录

I

要不要做……
一名建筑师

1 为什么要做一名建筑师

想要做一名建筑师，这个决定的背后必须具有一种主观能动性和期望。你会对这个决定带来的结果抱着什么样的期待呢？是什么期望能够让你用五年到八年的时间，投入到严格的大学学习和职业教育中，又要用三年甚至更多的时间从实习生慢慢做起，随后还需要用数十年的时间进行建筑实践、参与教学、进行学术研究以及提供专业的公共服务的呢？

创造与智慧的自我实现

建筑师受到智力和理性思维的驱动，但同时也有感性参与其中。因为建筑师是将感性和理性紧密结合在一起来实现创造的——想象、感知、实践、建造。优秀的建筑师是通过内心的激情、意愿的驱使、创作所带来的理性与感性的完美结合，来进行建筑创作并获得满足感的。

创造的原动力很难解释，但这种内心的冲动很容易被感觉到。这种原动力在生命之初就已经注入血液中，并且所有的人都或多或少地有过这种体验。从最初的原材料开始，伴随着脑中的灵光一现，慢慢演绎，随后将这些虚幻无形的理念转化为触摸可及、工艺精湛，并引发人类心灵触动的实体。对于建筑师而言，创造建筑艺术的过程确实可以为自己带来无限的喜悦。

在艺术创作中实现对美的营造，这是许多建筑师的主要目标。他们主要关心的就是设计人工艺术品，无论是城镇、建筑、家具，或是茶壶；这些设计作品可以使用、可以观摩，也可以是用来欣赏的绘画或雕塑。即便一件建筑师的设计品并未得到众人所爱，但在其本人的眼里，依然可以领悟到其中美的价值。

创造力在艺术创作中永无止境。创造性思维的愉悦感在于能够让事物完美运转起来，无论是城市、建筑、机械，或是玩具。建筑实践的重要内容之一就是创造出表现优异的实体结构和环境。换言之，除了艺术的表现力外，建筑物必须有效地满足人们对功能的需求，满足多种构件和材料的特性，满足最基本的遮风避雨的需求，能够抵抗大自然的破坏力，能够节约能源和保护自然资源，并且在经济上具有可行性。在建筑师的创作过程中，最大的挑战就是需要同时满足实际功能和艺术审美这两个目标。

建筑师的灵感探索

一旦接受了挑战，只有建筑最终得以建造实现时的那种激动之情才配得上设计时的投入和激情。目睹自己的作品拔地而起，真的让人从内心深处喜不自胜。这种创作激情，会被带有创作力的拼搏奋斗进一步强化。我们在后面的章节会看到，克服逆境需要建筑师们耗费大量的精力，因为在建筑实践的道路上，有太多的坎坷和障碍等着建筑师们去面对并逐一解决。在有些情况下，仅仅能够保证让建筑顺利地建造完成就已经相当了不起了，如果还能让作品建造得更加出色，那真可以说是一种欣慰。

对文化和文明社会的贡献

优秀的建筑师不会只把自己定位为一个仅仅向客户提供商业服务的专业人士。建筑是文化的符号象征和体现，甚至会作为一种对文化的批判形式。建筑史和人类文明史二者不可分割。事实上，建筑历史学家愿意倾注一生去研究的，不仅仅是建筑和城市的形式，更是对建筑所处的政治、社会和经济环境进行解读。通过设计和建造，建筑师会发现他们的工作可以直接带来文化理念和艺术品的积淀，无论这种积淀本身有多么微小。因此对于建筑师来说，能够创造文明，是非常重要的职业动力。

想想看，在世界文明的进程中，那些我们信手拈来的历史画面：埃及的金字塔；希腊和罗马的神庙；哥特天主教堂和中世纪的城镇；文艺复兴时期的宫殿、教堂和广场；英国的住宅和花园；亚洲的亭台楼阁；工业时代的摩天大楼。那些由文明创建而成的，看得见摸得着的城市环境，从古代的耶路撒冷到19世纪的巴黎和伦敦，再到20世纪规划营建的大都市。

建筑都是其中不可或缺，甚至最为纯真质朴的文明元素。如果来简单地描述一下美洲的原住民们所生活的世界是何面貌，几乎任何一个小孩子都可以画出一个印第安人的圆形帐篷来表达对美洲文化的印象。想想看，就好像我们在描述尼安德特人的时候 ①，脑中总会浮现出他们生活的岩穴，都是靠"建筑"来体现对文化的解读。

并不是所有的建筑作品都能有机会为文化的发展增光添彩。但是只要有这样的机会出现，无论是多么平淡无奇，建筑师的文明贡献都可能是空前的，都能预示着在设计领域中，造型、风格、技术，或者设计方法的发展新方向。或者这些建筑作品会重新确立或定义那些已经建立起来的文明标准。建筑师的工作也并非都是只有全新的发明和创造，他们也会尽己所能地去保护已经存在的历史建筑，或者为不断成长的文明成就添砖加瓦。创新和革命需要连续不断地发展演进。建筑师职责所涵盖的领域，既包括尊重历史也包括开拓创新。

热爱绘画——撇开电脑

当我们在讨论创造力和智慧成就的时候，实际上是在讨论形象化的图示表达所带给我们的启迪。但是在现今这个数字化时代，绘画究竟扮演着什么样的角色呢？对于许多建筑师而言，徒手绘画依然还是必不可缺的专业技能，手绘这种表达方式，在时间效率和资源投入的表现上都是让人非常满意的。手绘的另一个优势在于，它促进了设计师的图像表达能力和逻辑构成的判断力，并反过来加强了学生们在数字化绘图上的功底，能完成更具吸引力、更和谐精美的数字化绘图。

你应该非常热衷于绘画。这实际上是一种非常有效的放松方法，它可以让你专心致志、摒弃杂念。这完全是一种个人性格化的表达，因为不会有两个人的绘画风格是一模一样的。对于设计概念的生成过程，徒手绘草图（并非机械工程制图）是一种至关重要，也是最让人

---

① 译者注：生活在 12 万年至 3 万年之前，常作为人类进化史中间阶段的代表性居群的通称。因其化石发现于德国尼安德特山洞而得名。但在两万四千年前，这些古人类消失了。

享受的绘画表达手法。

通过手绘草图，建筑师不但可以记录和分析创作过程中的所见所感，也很容易推敲和表达新的创作思路。无论是通过徒手绘制还是电脑绘制，草图都是在建筑师将设计理念进一步转化成为实体的过程中，非常高效的分析和推敲利器。

绘制建筑或者自然生物的形态，包括建筑物、室内空间、景观、城市空间以及人物造型的绘画。对建筑师来说，绘画就跟写作和阅读一样平常，是一种必备的技能。比起其他的建筑设计的实际工作，有些建筑师会更钟情于在速写本上勾勒设计理念。事实也确实如此，正因为手绘的过程是直接将手、眼、脑三者并用操作，这种讲求协同能

力的徒手绘画是设计推敲和设计创新的操作基础。无论电脑软件的生成结果多么高端精准，都不能完全替代建筑师的手绘草图。

如果你喜欢绘画，而且又特别喜欢手绘，那么作为建筑师，你就会越来越喜爱上这种表达方式。如果你不喜欢绘画，而且你发现这是一项非常无聊又极难掌握的技能，那么选择建筑学作为职业，对你来说可能不是个正确的选择。对绘画的痴迷执着，以及建筑师对绘画技能的灵活掌握，都是建筑专业特有的必需技能。

服务他人

很多建筑师都有人道主义者情怀，都有一种非常强烈的愿望，去帮助和教授别人。并且，因为建筑能够提供大众服务，并作为一种公共艺术，建筑师就可以轻松地实现这种愿望。大部分的建筑师扮演着奉献社会的角色，作为人道主义者和慈善家。即便设计的商业项目是以营利为目的的，建筑师也秉持着一种情怀：除了合同客户以外，他们还有另一群重要的客户——大众百姓们。建筑师认为，对所有使用、居住，或者是驻足观看他们设计作品的大众来说，他们都需要承担起责任。这个责任对现在和未来都有重要意义：不仅仅是提供一个庇护容纳和功能服务的场所，也要具有教化、鼓舞、激励和启迪人心的作用。

当建筑建造完毕投入使用以后，如果客户、使用者和大众对建筑有好的评价并能够从中受益，建筑师就会感到非常满足。当建筑师创建出的环境能积极地影响人们的生活，而且这种影响效果非常可观，设计作品肯定会改善人们的生活标准和行为方式；并且大众对幸福和安全的体会，甚至是生活态度都会由此发生变化。研究表明，在通过精心巧妙设计过的环境中，建筑的使用者会有更好的生理和心理感受，工作效率更高，能够激发更多的创造力。精心推敲的视觉比例，良好的光照和配色，十分吸引人的材质肌理和细节处理，赏心悦目的视野景致，舒适的家具，令人满意的声学质量，足够的通风换气，以及热感舒适度都能对身体和心智有重大的影响。对建筑师而言，最大的回报就是，听到客户和建筑的使用者们对建筑师带来的生活改善作用给予肯定。

有公德心的建筑师们对社会的贡献不仅仅是设计建筑和设计城市社区。善于组织、协调、游说、倡导，加上善于设计创新，很多建筑师都会投入时间和精力来协助那些需要帮助的个人、社区，以及非营利组织，包括项目的实施、保护建筑和周边邻区，甚至修改那些影响建筑环境的公共政策。尽管建筑师在这些情况下可能并不参与设计或绘图，但是他们可以提供服务并发挥专业特长，可以指导实现更好的建筑成果，改善可持续发展，让大众获得更物美价廉的住房，甚至帮助更多的人实现自我价值。这些成就会让我们这些建筑师倍感殊荣。

教书育人

教授建筑，这是倾己所能的给予过程，尽管在经济回报上并不会让人大富大贵，但是教学可以提供给建筑师一个独特的机会，以此实现自己的终生持续教育和专业知识的积淀。对知识的娴熟掌握，并且能够巧妙的传授输出，这对任何人都是一个巨大的挑战，但却也有其内在的兴奋点和满足感。只有一个具备了教学经验的建筑师才能体会到教学相长的深刻含义。

参与学术活动可以让建筑教师通过实践、写作、旅行、科研、为客户提供咨询服务，或者在工作室里指导课题，以此达到专业知识的进一步积累。因此，那些积极性很高的教师，自己从事学术交流、发展新的学术思想、积累新的学术资源，反过来应用在教学活动中，传授给学生。这种学术互动的意义深远，并且可以持之以恒。作为一名教师，最大的回报之一就是看到自己以前的学生能够应用自己当初所传授的知识，获得人生的成功，或者紧随导师的步伐继续学术领域的探索，让学术思想薪火相传。

让教师最欣喜的消息莫过于，可以听到自己以前的学生亲口说：当年在学校听取老师的教诲，并从中获取知识和理念，至今仍牢记于心，而且对人生事业发展具有指导意义，为此对老师深深感激。

一个博学多才的伟大职业

建筑师必须要亲自处理解决那些在复杂的设计过程和实际建造中出现的挑战，这就是为什么一个成功的建筑师必然是一个全才，是一个在众多领域都有着广泛知识积累和娴熟技能的通才。许多建筑实践的实施过程，都是将多学科的知识和技能综合应用，来应对挑战和妥善解决问题。博学的全才是很享受处理难题的过程的，他们可以分析复杂系统、组织数据，尝试多种解决策略，应对各种各样的极具挑战性的任务。建筑行业提供了丰富的实践环境，可以供建筑师们大展身手。

建筑学就像音乐会一般，将思维活动和身体力行结合在一起：观察、思考、想象、描绘、制作。建筑师不仅需要知道为什么要画出一条线，而且还要了解为什么、在哪里、什么时候画出这条线。所有的感官反馈都伴随着细致入微的观察，这样才能够保证有效分析和综合思考。设计理念必须通过绘图演示和口头交流来阐释。那么，问题是，想要掌握建筑的艺术性和科学性，我们都需要具备什么样的天分和才能呢？

- **绘图和视觉表达技能**。这是一种基于观察，并通过图形表达手法表现真实物体的能力，同时也需要能够表达出脑中想象和构思出的事物。

- **构成能力**。这是一种艺术能力，能够在二维或者三维层面上组建出具有强烈艺术感染力的视觉造型。

- **技术能力**。这一能力要求我们可以熟练地进行数学和科学的逻辑分析；尽管在某些特定的学科领域里，这一能力并不是必备的前提条件。
- **口头表达能力**。该能力要求我们可以读清楚、写明白，能够有效地表达出自己的思维。
- **组织能力**。这是一种可以通过全面分析与综合归纳，能够从无序和混乱中创建出有序和规律，并判断明确目标的能力。
- **记忆能力**。该能力需要我们可以随时储存和调取信息、图像或者理念。

这些都是建筑师为了达到理性和感性的完美结合而必不可缺的前提条件。这些能力要求可以体现出建筑学的本质是具备了一种跨学科平台的属性——需要建筑师们成为集艺术家、手工匠人、技术专家、经理人、会计师、历史学家、理论学家、哲学家，甚至冒险家，多种角色于一身的博学全才。在一个竞技性非常强的专业舞台上，调动如此丰富的多学科知识，真的会让人兴奋不已，同时建筑师自身也会从获取这些能力的过程中受益匪浅，就像投入在任何伟大事业中的人一样，能够感受到强烈的刺激、激情澎湃。

财富与生活方式

追求一项事业，其中一个很明显的驱动力就是谋生的需求，并不断地增加自己获取财富的潜力。但是专业收入是千差万别的，特别是在建筑行业内。有些建筑师只能挣到糊口钱，然而其他一些建筑师却可以获得相对丰厚的回报。收入层次的差异自然会导致不同的生活方式。因为建筑师经常与人群互动，就不可避免地会参加各种高消费的活动并体验这样的生活方式，社会大众都会猜测建筑师也是丰衣足食的富裕阶层，是收入惊人的专业人群。的确，有些建筑师属于这个人群，但是大部分的建筑师并非如此。

做一名建筑师确实有可能大富大贵，不可否认，某些建筑师确实以此作为个人的追求和目标——但是这种可能性真的不大。相反，大部分建筑师只能说是还算富裕或者说还算过得去，能够有一些享受，但是在经济收入的稳定性和富足方面真的非常有限。在美国，建筑专业的平均收入也只能算得上是中产阶级，这和学校老师、水暖工、电工、销售代表或护士的收入基本相当。

刚从学校毕业的建筑师们是从计时付酬的绘图员开始职业生涯的，按照时薪、月薪、年薪等方式挣得酬劳，这些收入会根据市场情况波动。在经过三年的实习期和进一步的实践工作后，他们可能会变成公司的合作伙伴、主管级别的公司负责人，或者是和其他人一起组建合伙人制的公司，或者是独资企业主。大公司通常会在各个级别的职位（从高级合伙人到新来的实习生）提供相对较高的薪酬。

能够赚到大钱的建筑师当然生活条件会很好。通常他们都是住在装修很时髦、布置有档次的大宅子里。他们经常去有异域情调的地方旅行、滑雪；有自己的帆船；或者可以远离嘈杂的都市，去位于山林或者海滨的度假别墅中休假。他们喜欢收集艺术品，经常参加娱乐活动；有一定的政治影响力，或者在慈善事业方面也颇有作为。这一切的一切都需要钱，也恰恰是打工仔们最缺的。

对于大部分收入不高的建筑师们来说，也有很多不以高收入为依赖的生活消遣方式。很多建筑师都可以在大都市、近郊、城镇或者远郊找到自己的满足感。他们的生活方式可能会十分平淡无奇，有时候甚至要为生计而不断地奔波，但是他们并不以追求经济收入上的成功为目标，因而为了找到属于自己的轻松、自由的生活方式，同时又要保持持续的资金收入来供给生活所需，这些建筑师们就要不断地奔波。

有些建筑师自有其道，他们大胆地跳出了传统的建筑从业方式，有其他的途径增加经济来源。可能最理想化的出路就是，不要将建筑作为谋生的唯一手段。因此，建筑师可能会成为地产开发商或者建造承包商，这要比单单从事设计工作挣的钱多得多（也可能亏得多）。在建筑学院任教的建筑师能够用只工作 9 个月来赚到在公司里需要 12 个月才能赚到的钱。另一些建筑师，靠时运也好，靠设计也罢，都会依靠自己配偶的背景，来获得更多的家庭总收入。当然，最轻松的取财之道就是继承家族遗产了，但这部分人真是少之又少。

有些时候，对于建筑师来说，能够把钱赚到手，本身就是一个严峻的挑战。下一章就会讨论这个问题。对于很多行业来说，怎样才能够保证设计佣金可以足额和按时支付，真的是个让人特别头疼的问题。和其他的商业活动和专业领域不同的是，横向对比各行业的标准，建筑师指望着靠建筑来发家暴富，这种希望是十分渺茫的。但是大部分情况下，即便你不是那种才富五车的设计师，单靠建筑谋生，也还是能够保证过上一种体面的生活，只要你不介意建筑行业的通病：你可能无时无刻都要被时间死死地拴住。

社会地位

享有社会地位，这可能是另一个你选择建筑师为毕生事业的理由。这种理念可能并不是很好描述。其出发点是，我们会关注自己职业在社会中的层级地位：做的具体工作能和相应的层次匹配。建筑师在社会层级关系中处于金字塔结构的上层。当然，社会地位都是相对而言的，只有在和其他的专业和职业相对比的时候才有意义。社会的普遍认知都趋向于：建筑师就是集艺术天赋和知识技能为一体的职业。但是，社会上对建筑师所真正从事的工作细节却知之甚少。社会普遍能够达成的共识就是：建筑师设计房子，规模上可能有大有小；外观上可能有的朴实无华，有的丰功不朽；资金上可能有的是私人付款，有的是公共集资。这种普遍存在的社会认知所导致的结果就是，建筑师这个职业，乍一听起来，真的让人肃然起敬。但是不幸的是，秉持着这种视角看待建筑师职业的人群，他们很大一部分也都只是教育背景普通、天资一般，而且基本上不会有多大社会影响力的那么一群人。

倾注一生地为了追求地位而去从事一个行业，这种信念其实是靠不住的，但是大部分的人都是趋利避害的；并且，获得崇高的地位，可能会让人得到一种满足感并将其作为自己明确的奋斗目标。

被世人所尊敬，荣登显耀之位，得到一言九鼎的大人物给予的认可和称赞，这些都会让人获得一种成就感并得到自尊心上的满足。作为行业内的从业者，建筑师大都会和各行各业、来自不同领域的人们打交道，比如创新艺术家、商人或政客。在许多国家的文化中，建筑师都是最受尊重的职业之一，这在美国也毫不例外。美国建筑师协会（American Institute of Architects, AIA）的报告指出，在千百万美国人的心目中，特别是 45 岁以下的具有大学教育背景的人，都表达出对建筑学十分感兴趣。几乎任何一个建筑师都会提到，自己身边经常有人会说希望成为一名建筑师。

孜孜不倦地追求社会地位并成为手握大权的当权派，这种思想也激励着众多的建筑师。当然，这里提到的当权派是指在一个社区、一个乡镇，或者是一个城市范围内的权力机构，但对于国家的政治权力体系来说，想以建筑师的单纯身份去涉足政治领域，这几乎是不可能的。成为当权派的一分子，也就意味着需要和商业、金融、市政、政府等各种利益层次有深入的接触，这样才能让自己在地方或者在某一区域性范围内，跻身于一言九鼎的实力派人群中。获得了当权派的身份，也就意味着你的名字会被那些和你素未谋面的大众所熟知和热议，你会经常参与各种委员会的决策活动，接受媒体定期的约访，成为集资单位的座上宾，你也可能真的熟知甚至能偶尔影响幕后的游戏规则。毫无疑问，想获得社会地位和成为当权派，这两者是紧密结合的。

名誉声望

除了物质回报和社会地位外，对名望的追求也是极具诱惑力的。名望的获得可以与财富毫无关系，尤其在建筑学领域更是如此。

成为大众熟知的公众人物，即便不是变得大红大紫，也足以让人获得一种满足感。即便那些不在建筑圈从业的人，也能列举几位建筑大师的名字，而对于那些在建筑圈里摸爬滚打的人来说，一口气说出几十个行业泰斗也不足为奇。想成为声名大振的公众人物，就需要自己有非常独特的作品，以供大众品评，更重要的是对其不厌其烦的重复报道，以抓住大众的注意力，最好就是可以达到影响全国、轰动全球的宣传效果。这些独特的作品所呈现出的效果，可能是非常正面的，但也可能是毁誉参半。总之，只要它所达到的效果别具一格，自然就会引人注目。

大部分建筑师的成名之路，都是在不断地积累作品，慢慢为人所熟知，最终因其作品的独创性和出色的表现而为世人所认可。这些作品往往都是在初期阶段就非常具有创新性，能够表现先锋前卫的思想，随后的发展轨迹都会经历精雕细琢和在风格上的衍生变化。名望通常也都是在专业领域内能够获得一致的认可并慢慢确立起来的。在这个成名之路上，离不开一系列专业领域内的品评共识，这些评价来自历史学家、建筑评论家、新闻工作者，当然也非常依赖众多客户的口碑积累。

然而，想保持住名望和业内共识，主要依赖学术宣传，不断地将建筑师所做、所说、所想进行总结，发行出版。这也就意味着建筑师的成名不仅依靠设计和建造，同时也需要获得竞赛奖项，并通过报纸、杂志、新闻、博客和网络新媒体的共同努力进行广泛报道。也就是将主动宣传和被动宣传良好地整合利用。这在某种意义上来说，建筑学行业有点类似于演艺和娱乐事业。将个人作品和建筑理念进行演讲宣传并著述出版，寻求各种媒体的合作报道，还能借他人之口、之手得到进一步的推介，这样更有希望赢得竞赛：这一切都将助力于名望的提升，将建筑师推向公众，最终得以崭露头角。网络工具也可以帮助打造这种"吸引眼球"的效应，建筑师们可以使用各种网络社交平台来展示和推介自己。

在21世纪，建筑师们可以更好地借助媒体，让声望的有效传播更为积极主动。对于名誉声望的索求，对很多建筑师来说也是一种驱动力。

建筑师，有意识也好潜意识也罢，都比任何其他领域的从业者更希望获得声望，这是因为他们的大部分作品都是展示给普世大众的。变成名人也许会带来一些麻烦，但这种副作用也是知名度的体现，是成功的另一种象征，至少比默默无闻看起来要有些起色。成名的路上都不可能一帆风顺，但哪怕只有一线可能，又有哪个建筑师不会幻想着有朝一日可以荣登杂志封面呢？对于建筑师而言，名望可以带来更为丰厚的回报：更多的客户和设计费。有计划地追求并慢慢培养个人名望可能真的是一桩好买卖。

但是名望也不是永恒不变的，由于风格的流行度会随着时间而不断改变，建筑师的声望也会因此而随之变化。比如下面这则很久以前发表在《华尔街时报》的报道就是个不错的例证：58位来自有建筑学学位授予资质的建筑学院的院长和领导们，最近选出美国国内非住宅类建筑设计大师。具有压倒性优势的获选建筑师是贝聿铭，他获得了一半的提名。入选的还有，罗谟尔多·吉尔格拉（Romaldo Giurgola）、西萨·佩里（Cesar Pelli）、凯文·洛奇（Kevin Roche）、飞利浦·约翰逊（Philip Johnson）、古纳·柏克兹（Gunnar Birkerts）、迈克尔·格雷夫斯（Michael Graves）、查尔斯·摩尔（Charles Moore）、爱德华·拉华比·巴恩斯（Edward Larrabee Barnes）和理查德·迈耶（Richard Meier）。

这些建筑大师们对于老一代的建筑师们来说是耳熟能详的，但对于年轻的建筑师们和当下的主流大众们来说却可能相对陌生。如果放在十五年前，这个建筑大师的名单可能就和今天不一样，当年在名单中出现的大人物们，在今天的名单里已经鲜有展露的机会了。如果再过十五年，今天耳熟能详的这些建筑大师们的名单也会因时而变的。

流芳百世的不朽之功

　　名望假如只是昙花一现，那根本就不足为道了。如果我们能够追寻到埋藏在人性深处那种最原始的驱动力，立刻映入脑海的两个词是世代传颂和永垂不朽。有什么更好的方法可以超越人的生物体存在形式，即便在未来变成了一片遗迹，也能够以永恒常在的物理结构模

式，向未来的考古学家、历史学家和人类文明的继承者们展示我们是谁、我们做了些什么，向后人谆谆教诲、娓娓道来。大部分的人都会将珍贵的家族遗产留传给自己的后代，用以纪念前辈们的丰功伟绩，但建筑师可以在自己身后，用建筑的形式作为自己的杰作丰碑，从而流芳百世。

看起来这是一种自以为是，或是为了寻求自我实现而有点不择手段，但对于把创造当做生命的人来说，这种希望自己的作品可以永生，或是至少能够屹立人间几个世纪的心愿，也是一种再自然不过的人性了。我能够清晰地回想起当我还是个建筑系的学生的时候，我也经常会对比建筑事业与其他事业的人生追求，也只有建筑事业看起来能够为我提供这样一种机会——创造出屹立长存、永恒不朽的作品。我认为这就是建筑事业展现给我的魅力；建筑师可以通过自己的作品，让自己的生命延续下去。

即使我的名字已被世人遗忘，我也会天真地认为我的生命通过建筑得以延续。

虽然很多建筑师都会对这种价值观不置可否，但依然愿意对其抱以浪漫主义的期盼，并作为一种持续不断的推动力。如果可以正确地认识和引导，这种思想绝对是健康向上的内在原动力，而并非是建筑师的傲慢自大。一件值得称道的建筑作品在某种程度上也是对作品的原创建筑师的客观评价，作品就是建筑师的"子孙后代"。

当然，好的建筑作品是有很多父母的。所以这种建筑的亲子关系不应该只归功于建筑师自己，还应该包括建筑的客户和承建者，以及建筑作品所依存的社会环境和文化背景，好的建筑作品绝对是社会众多方面的共同结晶。

充分展现自我个性

在考虑是否成为一名建筑师时，不要忽略了个人特质及其在事业塑造中所起的作用。这种经常被学生和辅导员忽视的人格特征，在职业选择和事业成就上扮演着非常重要的角色。在校园之外，一个人的个性与其所具备的天赋、技能和知识储备相比，对个人的职业生涯影响会更大。与其他专业的要求很类似，在建筑领域，一个人的个性和行为特征与其智商、大学成绩单、绘画技能以及个人意愿对事业的影响一样重要。

所有的性格特点都很重要，其中有些性格特点比其他方面对事业的影响更大。

- **自信，自尊，胸怀大志**。具备这种心态的人会坚信自己有能力应对自如、积极上进、表现出色，并最终成功地达到既定目标。
- **奉献精神和持之以恒的信念**。带着积极乐观的心态努力坚持，辛勤工作。
- **不屈不挠**。面对挫折、指责甚至失败，可以抱以轻松的心态快速恢复并克服困难达到目标。
- **亲切友善**。能够乐于接纳不同建议，与人和睦相处，即便对方并非挚友也能在一起良好地共事。
- **同理心**。能够对他人的处境、缺陷和感受有很好的理解力和鉴别力，换位思考。
- **个人魅力、风度翩翩**。在别人眼中具有良好的个人修养，睿智且体贴。在交往中让别人十分放松，没有拘束感。
- **能够做出重要决策的领导力**。有说服力并能够激发他人的潜力，获得他人的尊重并追随自己，欣然接纳自己的理念。
- **勇气胆识**。愿意冒他人不敢冒之险，无论成败与否，都愿意尝试投入到新的领域中。
- **激情**。对专业的原理、概念、活动、人物、地点和事物都具有强烈的感情投入。

　　以上所列，并不能涵盖成为一名建筑师所需要具备的全部能力，这些列项也并不是建筑这个专业领域所独有的。但是，这些个人特质在很多成功的建筑师身上都表现得十分突出。如果想成为一名建筑师，缺少了以上这些特质就会在拼搏的道路上面临重重障碍，甚至连在建筑学院里的学习任务都完成不了。任何一个学科中都存在着大量针对人和事的批判和负面评价，如果缺少自信又缺乏抗打击能力和坚强的毅力，后果都可能是毁灭性的，即使天赋再高也无济于事。

　　非常讽刺的一点是，一个在设计天赋上资质平庸的建筑师，如果其在领导力、自信心和个人魅力等方面都表现优异，他/她就也有可能成为非常成功的建筑师。事实上，个人魅力与从教育过程中获得的量化技能相比，前者可能对建筑师的个人职业生涯影响更大。

　　说服力、对他人的影响力，与绘图、计算或思考能力相比，前者可能对个人成就的贡献度更大。

　　任何想要成为建筑师的人，都要对自己的性格特点给予综合评析。将各种个人特质优化组合，在之间给予适当的平衡，那么建筑生涯将成为一个理想选择。这就是为什么我们经常能够看到：有些人仿佛天生就是建筑师。他们拥有智慧、天赋、技能和品格等各种个人特质的优化组合，有些甚至可以说是从骨子里面与生俱来的。成为建筑师，可以说就是他们的命运安排。

我的事情我做主

　　也许因为大众普遍都认为，建筑师就是艺术家，社会也就自然认可甚至有时候十分期待建筑师的所作所想，最好能够不要墨守成规。一些建筑师就十分享受这种在大众的头脑中扎根的印象，所以也就会在自己的穿着、言谈和工作中表现出这种艺术家的气质。他们致力于成为个人主义者，不会墨守成规。弗兰克·赖特，披着他个性的风衣斗篷，并且表情也时常流露出目中无人的神情，藐视和谴责世间的一切，他成为打破旧习的建筑师原型。

对于任何有这种性格倾向的人来说，比起选择法律、银行业、会计业、工程或者军队服役，选择当建筑师看起来是那么的有吸引力。这可以让人产生一种自我满足感和自我优越感，其来自于对个性表达的渴望，期盼能够脱颖而出，渴求被社会关注并让大众铭记在心。

相比其他的具有知识丰富、博学百家的职业来说，建筑师看起来会有更多的机会在文化圈子里按照自己的意愿做自己真正想做的事情。

他们在自己的同行之间、业主面前，以及公众的眼中，更加自由并且固执地按照自己的意愿来塑造个人形象。这种个人形象也不可避免地通过他们的个人作品，他们所主张的美学价值，他们所结交的朋友圈，他们所拥护的处事原则和他们所选择的生存方式，而得到强化。综览各行各业，鲜有其他的职业选择可以提供如此广泛的人生选择来实现这些自我认知。如果可以意气风发地实现这一切，那几乎任何艰难险阻都不足为虑了。也正因为如此，建筑学是所有职业领域中最自由的职业之一。

当然了，在劳逸结合方面，很多建筑师都知道如何才能玩个痛快，在需要放松的时候就会尽情地释放。当还在建筑学院做学生的时候，建筑师们就经常能琢磨出极具想象力和娱乐性的活动，以此来快活地释放和缓解建筑工作中的压力和紧张情绪。但是，这些好时光和娱乐方式却还有着其他的用途。在下一章中，我们就来解读一下建筑学内在的消极负面因素，娱乐消遣其实是用来帮助建筑师度过那些糟糕的艰难时刻的。

2 为什么不要做一名建筑师

在计划成为一名建筑师之前，如果忽略了那些只有在行业内才能真正知晓的"不完美"，那我们之前介绍的对建筑师的理解就称不上是全面的认知过程，甚至有的时候还会造成职业规划上的误导。当我们被说服为什么应该去做某事的时候，往往忽略了要去分析"为什么不去做"的理由。这个分析过程很大程度上都是基于我们个人经验的积累，有时候这些经验还会是一些令人痛苦的感受。本书将会坦率直白地为你描绘出建筑专业的全貌，至少会给你一个机会，先做一个基于事实的分析和判断，然后再抉择。你可以清晰地了解到，当你下定决心要成为一名建筑师以后，所需面临的一切挑战。

不要做一名建筑师的理由，在某种程度上来讲，或多或少都是一种经过亲身体验和观察才能总结出来的结果，或者说是一种基于个人感情色彩的主观判断。所以，我们以下的内容大都是基于我自己对建筑行业所遇到过的风险、事业障碍、沮丧挫败的观察、感受和解读。

其中有一些是许多行业都会碰到的，在各行各业都十分具有代表性，而另一些则是只针对建筑行业而言，独一无二且特征鲜明。大部分的建筑师都曾经会被其中的一些问题深深困扰，或者因为其中的某一些顾虑而掣肘，导致在创作过程中黔驴技穷。了解这些困惑建筑师的问题，并提前制定好应对策略，这可以帮助你在真的碰到这些挑战时能够自信满满并应对有方。但很可惜的是，即便掌握了这些知识，也不会让现实中出现这些问题的几率减小几分，因为很多问题都不是建筑师自身导致的。

成为一名建筑师的可能性

任何打算将建筑作为自己事业追求的人都必须了解到，根据统计，只有 50% 的可能性会成为注册建筑师。很多在本科阶段选择建筑专业的学生，到最后也没有能够完成所有的专业课程要求而获得建筑学学位。建筑专业的学生会因为兴趣改变、专业课数量和难度巨大，或者因为缺少天赋而失去奋斗的动力，而最终放弃建筑专业。

另外，开设建筑专业的学校并不是都有建筑学学位的授位认证的，这就导致了从这些没有建筑学学位认证毕业的学生们很难考取注册建筑师和从事建筑职业。

不同的人可能会因为各种不同的原因改换专业领域。可能因为经济报酬的原因而被其他专业的丰厚回报所吸引，或者因为认识到了自己在另外一些行业上的天赋而转投别的学科。一些有建筑学学位的女生可能会暂时搁置或取消工作，因为成家后马上要承担生儿育女的重任，虽然内心深处很想追求事业发展，但又不得不抚养子女，两者兼顾则会带来巨大的压力。遗憾的是，这些女生中的很大一部分再也没有回到建筑行业里。

尽管建筑专业的学生中途离退率相对较高，但是在美国，建筑师却没有出现人才缺口，特别是在建筑设计和建造数量都比较大的大都市。很多建筑师和教育学家们都认为，建筑师和建筑公司的数量都相对来说太多了。美国建筑师协会 AIA 的调查表明，在建筑公司里，合伙人级别的建筑师还不到公司总人数的 1/3。也就是说，在从事具体工作的这些建筑师们，大都是雇员身份，而并非雇主。

这些统计表明：一些起初计划成为建筑师的人，最终都没有如愿，想要成为一个公司合伙人级别的主管更是难上加难了。这个统计结果的确让人感到沮丧。但是我们也都很清楚，这种中途离退的情况在任何一个学术圈和行业内都是普遍存在的，学生们对这种转专业的认知也是能够欣然接受的。即使有些人可以战胜重重困难，进入了建筑的从业阶段，由此心生一种战胜千难险阻的愉悦感，但是他们依然要面对严酷的挑战。

缺少工作

在建筑师所面对的所有困难中，业务量的周期性短缺也许是最打击士气的。建筑师个人无法找到合适的客户，建筑公司无法得到委托的业务，这两点都是建筑师所面临的最主要的经济压力和精神折磨。

公司业务和个人就业，与国家的整体经济状况息息相关。如果年景还不错，经济增长明显，建筑业的投资就可能会加大，这就意味着建筑师要马不停蹄地工作。相反地，一旦经济增速放缓、有衰退迹象，伴随着通货膨胀、高息和信贷紧缩，投资额度就会减少，尤其是在房地产和建设方面的投资力度会明显下降。这也就拖累了建筑的整体业务量。所以，建筑师的工作量也会受到这种几乎不可预知的经济波动的影响，这种波动已经远远超出了建筑师的能力可控范围。因此，建筑师会一直面临着就业压力甚至失业的可能，年复一年，周而复始。

即便国家的总体经济形势大好，但也有可能由于地方上的市、郡县、州，各种不同行政范围的特殊情况而导致业务量下降。建筑师与客户的工作合作模式都是以项目为基础的，就业率也就必然与项目数量挂钩。一旦客户的项目上马运作，建筑师就有活儿可干，但如果项目搁置或者完工，建筑师就会因此而失业。

项目由客户和开发商发起，由信贷机构或政府融资，由政府职能部门给予开工许可，由建筑施工承包商承建，由社会大众购买、租赁或使用。建筑的整个建造过程是十分复杂的，也会因为各种不可预测的原因而突然启动或搁置。因为对于任何一个建筑项目而言，建筑师的工作量，包括时间投入和资金投入都是巨大的，所以即便是一两个项目的流失和搁置，也会对公司的经济状况产生灾难性的影响。如果建筑师同时服务于成百上千个客户，这种经济风险就会大大降低。由于大部分的公司都会连续几个月、几年的服务几个项目，工作搁置的风险也就增加了许多。

有时候项目量会暴跌。比如说，在 1974—1975 年，中东石油禁运令和美国石油短缺的状况，导致美国在经过了近 30 年连续稳定的经济增长后，经济形势急转直下。那一次的建筑师失业率是继 20 世纪 30 年代的经济大萧条后最高的。由于项目停滞，我不得不解雇了自己公司里的大部分员工——12 名建筑师。这种紧缩减员是非常令人痛苦的。规模可观的公司更是缩水严重，业务量减少了 70%~80%。

在 2008 年的经济危机中，美国的建筑就业形势变得非常严峻。政府 2012 年的调查表明，在所有的大学毕业生中，建筑学专业的就业压力是最大的。但幸运的是，年轻的建筑师们能够更灵活变通地适应挑战，可以根据不同公司之间工作量的变化或者出于个人原因，而在不同的公司之间流动以寻求就业机会。在年轻人的早期职业生涯中，可能都有跨地域的流动性，会搬到不同城市、州郡，或者跨国寻求就业机会。基于项目就业，这是建筑行业内不可逃避的现实。

竞争激烈

无工可做的尴尬，会因为另一个无时无刻不在刺激建筑师的因素而变得更糟糕：激烈的竞争。经济形势的不确定性已经是个大麻烦了，但还有另一个现实也不会让建筑师轻松的，这就是在建筑行业里往往都是"僧多粥少"。在建筑圈，竞争异常激烈并且永不停歇。这种竞争从学校里就已经展开了，一路伴随学生进入早期的求职阶段，并继续贯穿在整个建筑市场的实战中。

竞争当然不是建筑领域所特有的，这在任何一个自由的商业系统中都是必然的，但是在建筑行业内，这种竞争的惨烈可以达到惊人的程度。比如，在 1974—1975 年的石油危机中，一百多个超大型建筑公司，会为了一个规模不大的政府项目，展开激烈角逐，而且这种市场现象在当时是司空见惯的。在经济形势良好的时期里，大部分这种规模的大公司根本就不会考虑一个如此"可怜巴巴"的小项目。但是在经济不景气的时期里，建筑公司即便花费数个月也未必能成功地找到新的业务，因为与建筑业务的数量比起来，市场竞争者的数量实在是太多了。在这种特别困难的经济时期里，建筑师可能要被迫靠领取失业救济金才能活得下去。

竞争的激烈不仅仅是因为建筑师的供大于求，而且也受到建筑行业竞争方式的影响。建筑师经常受到其他公司的挑战，一些公司会发起强有力的市场攻势，为了获得客户并赢取项目合同。现如今，想要成功地赢取市场竞争的有利地位，必须使用软硬兼备的营销形式。这就需要加大在市场经营和公关策略等方面的投入，对于那些坚信只要名声还在业务就不愁的建筑师来说，这些营销手段往往会有点让人觉得不舒服，并且耗资巨大。

缺斤少两的佣金

对于建筑师来说，想靠设计成为大富大贵的可能性并不大，和医生、律师、职业运动员、影视明星、企业主管、互联网行业，以及华尔街的银行家们相比，这种可能更是微乎其微。大部分情况下，建筑师的收入可以保证生活的舒适安逸，但是很少有建筑师能够使自己的收入和财产总量与同等教育水平的同辈人相当。实际上，进入建筑领域的人大都不是以赚钱为事业目的。成为一名建筑师的原因非常多，但初衷绝不是靠从事建筑达到富甲一方。

基于从业建筑师的数量众多和竞争十分激烈，建筑行业的薪酬也不可能是最优厚的。很多建筑师都认为，单就以工作内容和所承担的社会责任来说，自己并没有获得与之相匹配的公平的报酬。美国建筑师协会 AIA 曾经做过一项调查，采访已经获得执照的职业建筑师，"建筑师与其他职业相比，是否获得了与提供的服务相匹配的足额报酬？"有 85.7% 的建筑师的答案都是否定的。当问道："建筑师雇员是否觉得雇主给予了足够的薪酬？"有 67% 的人都摇头说：不。

对于很多建筑公司的老板们来说，年收入的波动是非常大的。

好年景之后，很可能是意想不到的坏年景，坏到连主管级别的收入都十分不堪，甚至入不敷出。建筑师所依赖的经济条件和项目环境导致了他们的收入形势和其他专业相比差异会很大。相对而言，其他的行业收入可以基本保持稳定并会持续增加，而且无论年景好坏，都会保持有事可做的忙碌状态。

出于各种原因，建筑师这个群体大都无法保证与之担当的社会角色和所需肩负的责任相匹配的足额报酬。在业内，经常会听到这样反复出现的发问：经过了这么多年的专业教育，被世人公认的独一无二的行业专家，一个被法律认证的专业领域，一个必须承担大量法律和金融风险的实践活动，理应得到丰厚的报酬！为什么还有如此多的建筑师只能赚到微薄的薪酬呢？

建筑设计费，往往不足以弥补其所提供的建筑服务成本。就像是工程项目一样，在实施过程中会存在很多不可预知的因素，导致最终收不到设计费。人们就会很好奇：与建筑师的资质担保，肩负的项目风险，付出的辛勤劳动相比，为什么设计服务费用会如此之低？究其根本原因：还是在于竞争。在建筑市场和房地产开发领域，公司经常会面对巨大的压力：在报价上至少要与市场的主流报价差不太多，并且为了获得项目还会经常砍价。这就会将整个行业的现行收费率降低一大截。许多客户在洽谈项目的时候，都在"消费"建筑师，并且毫不犹豫地只问底价。如果一个建筑公司本来就处于朝不保夕的窘境，因为担心自身无法保住项目，往往会咬牙报出一个折扣价，这都是为了保住项目的无奈之举。为了能拿下项目，但又不至于亏本，就会在工作中不得不偷工减料，在服务品质上大打折扣，减少本该倾力投入的设计工作时间，对员工也只能是给予低廉的薪酬。

许多建筑从业者都觉得自己被彻底套牢了。但从内心深处，作为能力卓著的专业人才，建筑师非常希望投入所有的时间和资源，对项目设计展开全面研究和推敲，以保证能够提供最佳的设计方案，最后可以亲见这些心血都能得到逐一落实。

这也就意味着，想要设计项目能够满意，客户必须和建筑师在项目目标和愿景上达成一致，并乐于对建筑师所提供的所有服务支付全额报酬。另一方面，现实世界的经验告诉建筑师，的确有一些客户只是把建筑师当做另一类的街头摆摊儿的小贩一样，那些认为支付的

建筑设计费已经超额的客户自然也会期待自己能够获得更多的无偿服务。

对于已经建立起信誉的建筑师和公司来说，这种市场状况真的是利弊共存。

尽管激烈的竞争导致很难拿到设计项目，保证稳定的雇员收入和公司营业收入也非易事，但大量的建筑师，无论年轻或年长，都默认了允许公司可以支付给自己相对低廉的小时工资数额，这样才能保证公司的报价相比其他竞争对手更低，从而增加公司的竞争力。事实上，建筑行业的经济结构就是基于这种相对柔和的劳动剥削手段，并提供劳动密集型的专业服务，这就是建筑服务行业的本质。单就一个项目而言，可能要消耗成千上万小时的工作时间。

这些关于建筑师无法得到足额报酬的观点，必须要根据其他行业的薪酬水平来参考评价。建筑师依然可以比其他的同样从事创作并付诸实践的职业设计师赚得更多。一般情况下，建筑师比大部分的教师、学者、音乐家、演员，也很有可能比木匠、水暖工、电工，甚至律师和医生赚得更多。当然了，作为一名普通的建筑师，想达到这样的高收入水平绝非易事。

脆弱的自尊心——迷失在人群中

建筑圈的人，通常都有很强烈的自尊心，这种性格特点可能会导致在生活中稍有不如意就会有很大挫败感，但同时也提供了追求事业成功的强大动力。对于大多数建筑师而言，所谓成功，即便不是成为大红大紫的人物，那至少也要获得专业地位和名誉。建筑师希望得到同伴的认可，这种性格特点是与生俱来的。建筑师也会为了良心自安，在得到业主的肯定以外，还会以更高的标准要求自己完成设计任务。

但在现实中，很多建筑师都从客观环境和主观认知上，感到自己好像并没有获得应有的地位或者应得的社会认可。无论是作为公司的雇员，还是合伙人，或是公司的高层主管，都会因为疲于应付工作需要而夜以继日地工作，为了建筑的完美呈现长期地加班熬夜导致自己疲惫不堪。在这众多倾力投入的建筑师当中，也只有少数人能够获得社会的关注和荣誉。

有些建筑师会觉得自己就是一个在巨大的运营系统中，每天都默默无闻且无足轻重的普通职员，在这个系统中自己根本就谈不上什么影响力。他们会感觉自己受到的待遇并不公平，而且常常被人忽视看轻。

在接触一些大型建筑公司里面成百上千的建筑师同事之后，很多人都会感觉到，在这种公司里，自己作为建筑师的特征就是找不到一丝一毫的作为建筑师的成就感，根本得不到应有的尊重和报酬，虽然自己才华横溢但却运气不佳，简直就是个过劳的建筑绘图工。有一些人还会感觉自己一直被工作单位剥削，束缚自己的本性，根本无法实现自我独立和专业维度上的突破。这些建筑师中的大部分人都已经出色地完成了建筑专业教育，而且很多人还获得了注册建筑师执照，都精通建筑实践中不可或缺的特殊专业技能。有不少建筑师都会觉得自己被外界欺骗，甚至被社会遗弃。另一些人则会觉得自己的一些性格特点，诸如腼腆胆怯、勇气不足、自以为是、缺乏冒险精神，成了自己成就一番事业的绊脚石。长此以往，很多人都放弃了自己内心的理想，逐渐变得默默无闻、满足于现状，甚至彻底放弃了建筑梦想，选择平淡度日，自求多福。但也仍然还会有一群信念执着的人，依旧怀揣梦想、静候时机、等待机遇，以求破茧之日能够脱颖而出。

羡慕嫉妒

为什么建筑师的嫉妒心会如此之重？强烈的嫉妒心，看起来应该是在纽约或者好莱坞的圈子里那些心有抱负的演员们特有的性格，勾心斗角可以说是明星们的家常便饭。这种心理特征，乍一看，怎么也不太可能像是受过良好的设计学教育，有着丰富学术背景的知识分子们的标签。就如同我们在第一章里介绍的，很多建筑师都期望能够得到名望，如果这样的心态极其强烈，那么"默默无闻"这四个字也就意味着他们的设计作品让人根本提不起一点兴趣，甚至可以认为这样的设计就是过气、无聊，根本不值一提。然而，梦想成为明星的夙愿，可以激发建筑师保持旺盛的创作状态，但如果最终无法实现，这种遗憾就会导致建筑师心生嫉恨。实际上在各行各业，这种嫉妒心都是普遍存在的，只不过在建筑领域里会更加敏感，尤其是对于那些自尊心极强，又自视甚高的建筑师们来说，嫉妒的心态会格外突出。

羡慕嫉妒，这种负面情绪很不幸地扎根在了建筑师的内心深处，但很少会在大众面前显露出来，也少有明显的发作，这是一种极为私人化的心理感受，通常都可以克制得住，避免为人所察觉。

任何让建筑师们彼此对比的时候，几乎都会触发这种心理，诸如目睹了另一位建筑师喜获大奖而自己却彻底出局。这种被别人比下去的感受，超越了任何一种挫败感和失落感带给人的打击，在隐隐地操控和折磨着建筑师们，甚至会让彼此之间略显敌意：对那些相对比自己更成功的建筑师们心生愤恨。但随后还可能产生一种更加矛盾的心态，在从羡慕到嫉妒的负面情绪控制下，也会对那些受到嫉恨的竞争者和同辈的伙伴们心生钦佩和给予赞许。

很多环境都会引发这种矛盾的感受，尤其是在受到致命打击的时刻：其他人都为项目而忙碌不停，但是你却闲人一个、无事可做；其他人赢得了竞赛大奖，但是你却被踢出局、名落孙山；其他人发表了著述并且获得了广泛的好评，但是你却积淀匮乏、默默无名；其他人都是步步高升，但是你却毫无起色、原地踏步；其他人都是赚得钵满盆溢，但是你却勉强糊口、捉襟见肘。这些负面的刺激仿佛永远看不到尽头。自己并未做错什么但却无奈失业，丢掉了几乎稳操胜券的项目，或者随着建筑流行风格的变迁而看到自己的老套路已经落伍，这些都可能成为负面情绪的导火索。这些情绪不只是那些初出茅庐、羽翼未丰，或尚未有建树的建筑师们所特有的。任何一个建筑师，只要在建筑行业内，就都会有这样的倾向，事实上，那些抱负越大、心愿越高的人，这种情绪也就表现得越强烈。

乏善可陈的权力和影响力

一些有公众精神的建筑师，实现自己出人头地的方式可能并不是通过设计实践，而是通过运用政治权力和自身的影响力。他们希望，不仅能够获得自己专业领域内的同事和客户的认可，还能够获得公众选民的尊重和敬仰。他们努力地成为社区活动的倡议人，或者是与公众交流的"握手大师"，希望成为建筑之外的咨询专家。很可能他们会成为市政领导班子中的一员，这样就可以协助起草和制定公共政策，实现很多建筑师毕生都无法企及的社会影响力。

有一些建筑师最终选择了进入政治领域，在政治圈子的角逐中脱颖而出，再一路高歌猛进地赢取市、郡、州的政治选举。在建筑师当中，并不缺乏政治天才，有很多都涉足市长、城市委员会、规划部门委员、州和国家的立法委员，以及公共机关的高层主管。

他们之所以会选择追寻这样的职业轨迹，是因为他们理性地认识到，从本质上来讲，建筑师并不是拥有权力的职业。在美国社会，尽管建筑师作为设计师和技术专家可以拥有一定的地位，但是他们几乎没有任何政治和市政管理的影响力。他们几乎无法影响公共政策的制定路线，这些路线的制定由选举出来的行政官员、律师、商业大佬、公司和政府的高管，以及拥有巨大财富的财阀们所控制。

令人遗憾的是，建筑师这个群体，大都是兴趣爱好相对比较单一，且专业限定感极强的一群人。即使很多建筑师具备广泛的知识技能，拥有专业领域的大智慧，但也大都局限在美学、建造等专业方面。建筑师的自身意志往往表现得十分特立独行，刻意地与其他行业保持距离，这种心态也导致了建筑师可能与权力阶层没有什么交集。因此，如果你的关注点就只在建筑本身，那无论你的设计作品多么出色，都可能不会有机会获得权力和影响力。相反，你也可能会成为建筑师群体中的极少数分子，成为一位公民大众的建筑师，有能力将专业实践和各种社会活动完美地结合在一起，从而发挥出更大的影响力。

焦虑、失望、沮丧

职业上的焦虑、失望和沮丧，可能是由于被否定、遭遇失败，或者黯淡的行业前景所导致。缺少业务或者丢掉工作、财务周转产生障碍，自己的设计愿景未能实现，设计费和薪酬不高，或者自己的作品和言行受到了激烈的负面抨击，都会导致这种情绪。想要成为一个乐天幸福、适应力极强的建筑师，你就必须要足够脸皮厚，并且有极强的情绪自控力。相反，如果你在自己被拒绝、排斥的时候手足无措，也不善于处理可能随时随地出现的挫折——这种建筑专业的家常便饭，那就最好不要做一名建筑师。

作为职业设计师，建筑师的作品会一直暴露在光天化日之下，接受社会各界的持续检验和评判，并会经常被改装或重新修葺一番。偶

尔碰到被否定而感到失落都是家常便饭的事。没有人会喜欢这种感受，但作为建筑师，必须有能力接受现实并妥善处理这种情绪上的影响。想练就这样的能力并不容易，特别是当建筑师碰到一些远远超出自己能力可控范围的阻碍时。可以想象一下那种涌上心头的有心无力感，当你已经在设计上投入了成百上千个小时之后，却被告知，你之前信心满满经过无数次推敲，并确信无疑能够付诸实施的项目，因为功能、美学或者成本限制的问题而被否决。想象一下你之前投入了海量的时间并倾注全力去争取的竞赛，最后却惨遭淘汰而颗粒无收。拒绝和失望就是咽下的一味苦药，但这味苦药却是每个建筑师都要一直饱尝下去的。

拒绝也并不意味着你出色的才华和辛勤的努力从此就再没有机会应用在建筑创作上。上乘之作也经常会和那些平庸之作一同被否定。对建筑的评判不可避免地会带有评判人的主观色彩，这种主观基于评判者的价值观和审美倾向，建筑师相对则几乎束手无策，只能忍受并全力以赴地坚持下去。如果内心承受能力不足，即便加上报酬补偿也无法让人满意时，退出建筑设计圈子可能是避免焦虑、失望和沮丧的唯一选择。

个人负担

从事建筑就要敢于承担风险。这需要投入大量的时间、精力、情感和体力去实现自己坚信的建筑价值。当机会出现在眼前时，要尽己所能地抓住机会；在追求伟大且不同凡响的人生目标时，需要发挥个人的主观能动性，甚至要牺牲一些个人自由。

特别是当建筑师决定创业——建立自己的建筑公司，就是一个非常大胆而冒险的决定，特别是在财务上的风险。然而，确实有很多建筑师在从学校刚毕业的时候，就开始着手了，但现实很残酷，他们之中只有少数人才有可能最终取得成功。如果一个建筑师只是靠自己的建筑职业来供养家庭，没有任何其他的物质财富来源或产业资源，却依然还要放弃一个有保障的工作机构和可仰仗的薪酬来源，而选择勇敢地以一个创业者的姿态去迎接挑战，这听起来真的会让大多数人头皮发麻、望而却步。

对一个建筑师来说，旅行采风和继续研究生阶段的学习，这些人生选择和追求都是大有裨益的。当然，这些自我教育的机会，对于那些有家庭赡养压力、身负债务的人来说也是很难实现的。毫无疑问，那些有资金支持或个人负担不太大的人，在这方面的投资就会游刃有余，进步的优势会更加明显。继承一笔财产，或者嫁娶一位有稳定工作、能够打理家庭、支持自己事业的配偶，也是一个获得资助的渠道。在学校任教也能为那些希望大展宏图的年轻人提供时间和资金来源，这些建筑师可以在教学期间保持教学和实践两不误。

在我还是一个建筑学院的学生时，曾受雇于一名建筑师做实习生，在我完成暑期实习准备返校时，这位建筑师送给我的谏言让我终生难忘。当他把我叫到办公室与我话别时，他伸出手指，指着绘图室，当时在绘图室里有十几个建筑师正弯着腰趴在绘图桌上苦干着，然后对我说：你一定要记住，如果你不想最后和他们一样，就最好别着急结婚要孩子！他掷地有声地说：如果你想去旅行或者有一天想开始执业，很多之前不成熟的草率决定往往会成为你事业发展的绊脚石。繁重的经济压力和个人应尽的家庭义务，会让一个每天都在工作中挥汗如雨的建筑师精疲力尽。

天资匮乏

有一些人，始终都无法实现自己的专业理想，因为他们缺少了最基本的从业天资。那些有远大志向的建筑师们需要仔细考虑一下，自己是否在建筑方面有天赋。如果发现自己确实具有本书在之前所提及的关于智力、情感和个人特质的致命缺憾，那么从事建筑专业真的可能像一生都在爬上坡路一样，需要付出艰辛的努力，即便有些人真的是智力绝伦，也可能会遭受这样的挑战。建筑学院的教师们每年都会接触到很多这样的学生，他们思维敏捷、智商不俗，但却并不适合选择建筑专业，因为他们在建筑方面的天赋真的乏善可陈。有些人在美术和制图上真的会显得笨手笨脚，颇为尴尬；另一些人则可能缺乏数理分析和技术能力。当然，也有一些人是缺乏想象力和对视觉表达的敏感度。这些缺陷，对于那些希望成为建筑师的人来说，将会是非常大的事业阻碍。

聪明灵巧高智商，这并不能保证你能成为优秀的建筑师。对图形的强烈敏感度和构成能力的驾轻就熟，大都是天生的，是由遗传基因决定的。有这种天赋的人可以不需要教导，就能很快地展现出自己在建筑上的才华。就像其他的个体素质一样，能力可以通过后天培养慢慢地展现出来，但绝不是靠以学历为目标的教育能培训出来的。直觉、本能、创造性，这都是建筑设计所不可或缺的。对于建筑师来说，博学和聪敏虽然也是必要的，但这还远远不够。

缺少激情和献身精神

在建筑界，想要出人头地，某种程度上可以归因于高涨的激情、不计成本的投入和矢志不渝的努力。没有这些品格特质，建筑师是不可能获得成功的。因为建筑真的是太耗时间和精力了，不愿意努力工作，也无法接受相对较低的回报，那就最好不要做一名建筑师。

学生们通常是在学校求学阶段就已经能慢慢体会到这个行业的真实一面了。设计是一个劳动强度极大的行业，好的作品需要投入不计其数的时间去思考创作，然后再耗费大量的体力去绘图、制作实体模型和数字化模型用来不断地推敲。在建筑学院的学习和生活，就是在为那些准备好面临就业实践的年轻人们做好人生预演：更多的辛勤工作还在等着学生们。有些人，努力地致力于自己的工作精进，并且能一直充满激情地投入去实现自己的专业理想，这些人受益于一种类似于宗教的心态去看待自己的人生目标，这种心态会极大地鼓舞人，无论处境有多么糟糕，都会义无反顾地献身事业。所有那些才华横溢、颇有名望的建筑师，都被这种对设计和建筑实践投入的激情所鼓舞。对于他们来说，创造建筑的过程就跟着了魔一样，他们对建筑创作的执着完全是一种超越了项目本身的痴迷。

法律和财物风险

经营着自己公司的建筑师，当自己的设计作品最终通过建造得以实现之时，也就意味着要开始承担法律和财物风险了。主要的法律风险就是在建筑专业领域上的疏忽大意，这可能会导致客户或其他人遭受财产损失。建筑师会因为涉嫌渎职导致了人员伤亡和财物损失，而受到起诉。

当针对建筑师的索赔诉讼开始后，无论这些指控是否有证据，建筑师可能都要被迫赔偿原告所声称损失的一部分，通过协商、仲裁或打官司的方法来决定赔付结果。无论结果如何，都要支付一笔价格不菲的法律费用。

和社会其他的个人服务职业一样（医生、律师、牙医、工程师），注册建筑师都是以个人来对业务的过失负责。这就意味着，他们不能因为组建了公司这种商业运营实体，就可以有权通过反对索赔和逃避判决来达到保护个人财产的目的，但是他们可以通过购买第三方责任险的方式，来补贴大部分的诉讼花销。

但即使购买了保险，一些诸如协商、诉讼、解决索赔的过程也会让人心烦意乱、费时费神，这对个人来说是压力巨大的折磨。索赔和诉讼的增加，是因为客户和消费者不断提高对建筑师的期许，虽然没有任何证据证明建筑师曾经做错过什么，但客户就会有一些超过预期的期待。因此，一个建筑师即便自己一身清白，也可能会官司缠身。

而且，恰恰是因为有保险这种业务的存在才会产生诉讼。如果建筑师穷困潦倒到连保险都买不起，那他们反而不太可能被起诉，没人会对倾家荡产也赔不起的穷鬼再有什么苛求了。

另一个由诉讼风险导致的后果就是，建筑师的设计更趋于保守，还有不得不去花费大量时间仔细审核纸面文件，这些有凭有据的签字、编排和存档会消耗建筑师不少时间，主要目的是为了保护建筑师抵御无时无刻不在的诉讼威胁。为求稳妥安全而产生的保守心态，也会导致建筑师的工作缺乏创新性，缺少尝试的勇气，建筑创作的本真也随之消失，转而花费更多的时间，把自己变成了一个蹩脚的律师，而不是一个设计师。如果你想避免法律雷区和官司诉讼，那建筑实践真的不是一个安全地带，除非你的人生目标就是做一名绘图的小雇员。

还有一个比因为业务过失而导致官司诉讼更大的危机，这就是：因为拿不到设计费而不得不采用法律手段来催款。这样，建筑师不但拿不到应得的收入，还会消磨大量时间。面对这样的情况，提供法律证据的过程往往就会让人倍感压力，作为原告申诉人，建筑师不得不承担举证的责任。所以，这种官司的大赢家往往只有一方：收入颇丰的律师。

理想破灭

拦路石、风险，所有的不确定性已经确定了坎坷挫折和理想破灭，可能是建筑师最大的风险。当建筑师已经满足了专业训练的所有要求，付出了所有的努力，激发出内在的才华，然后发现他们的抱负和理想只能妥协，或者他们的设计概念被拒绝，理想破灭也就涌上心头了。通常建筑师也没有其他的生财之道来补偿事业上的失落感。事实上，建筑师有的时候都会自嘲说他们跟娼妓卖身也没什么区别，一种出卖自己人生目标和做人标准的职业，这往往就是家常便饭。以这种观点也真是没谁了。

建筑师是一种周期性兴旺的职业。他们所提供的服务有的时候回报甚微，只是寄希望于将来也许会有好结果，但往往是空等一场。很多情况下他们的事业就是一个巨大的妥协，付出的超过预期，却得不到应得的报酬。如果把他们第一次在工作室拿起铅笔跃然纸上时的期许与执业之后的境况进行对比，情况简直是天壤之别。有些人也就把这种处境当做建筑商业的一部分而慢慢接受了这种现实。他们会用足够的奖金和报酬来平复自己内心的失望，或者他们甚至学会了漠视所有这些问题。有些人最终放弃了这个专业，在其他的领域安营扎寨，大干一番。

有一件事是确定的，对于任何打算或即将在建筑领域展开事业的人来说，没人可以预见到这个选择最终会将人生导向何方。毫无疑问，这一路上肯定是奖励和挫折相伴，欣喜和沮丧相随。未来的建筑师们都会希望自己的资产要超过负债，能够挣得属于自己人生的正收益。

II

将要成为一名建筑师

3 建筑教育体系

对很多建筑师来说，建筑教育都是他们人生中最让人兴奋、最充满挑战、最有人格塑造性的时期。这个教育过程也可能兼具着磨难与试错，在探寻和质疑的过程中不断成长，这可能是人生到目前阶段为止，需要经历最多挫败感的一段日子。要了解如何成为一名建筑师，就要牵扯到对美国建筑教育体系的深入了解。

在美国一共有150多家被国家建筑认证委员会 NAAB [①] 给予认证的有资格颁发建筑学学位的教育机构。NAAB 会定期视察各个建筑学院，以确认某一学院符合 NAAB 对建筑学学位授权的认证标准。这些标准涵盖的考察内容包括：教员的任职资格、硬件设施、教学预算、课程设置和具体课程内容，以及授位项目的教学目标。这些考核标准也与建筑学院的招生息息相关。

建筑学专业是大学教育的标准组成部分，以系或者学院的形式附属在大学系统内。这样的组合是很恰当的，因为建筑学的教学会涉及各种其他的学科，例如艺术、工程、物理、数学、计算机科学、历史、园艺、地理、社会学，甚至还包括商科和管理学，这些各种各样的学科教学都是由大学系统来统一管理。建筑学的基础入门课程通常也是其他院系的学生特别感兴趣的。

大部分的公立和私立大学都提供建筑学专业教育和授位，在私立和公立或者非营利机构之间，学费的差异是非常大的。两年制的社区学院通常可以提供建筑专业预科的授课，这可以为那些最终会进入具有授位认证的大学进行建筑专业学习的学生做好准备。

也有一些完全独立的建筑学校，不从属于任何大学，但数量不多。还有一些有授位认证的机构会提供多学期的教育合作项目，让那

---

① http://www.naab.org/architecture_programs for a complete list of programs and schools.

些在职的学生可以参加晚间课程，以逐步完成建筑学学位所需课程的学习。

美国的建筑学院，为获得建筑学学位提供了多种教育途径，但这也同时会让那些希望投入建筑专业学习的学生们感到途径繁多而不知所措。

获取学位的途径

途径1：本科是4年制学位的项目，所获得的理学学士学位（B.S.）或者文学学士学位（B.A.）都是没有建筑学学位授权的。很多学校都会提供这样的学位项目。获得这样的学位以后，学生通常还必须花费两年的时间完成研究生项目的课程，来获得有建筑学认证的专业学位，即建筑学硕士（M.Arch.）。而且，在进入研究生学习之前，很多学生都要经过一到两年的工作实践。这种4年制的专业项目，给学生们一个试水的机会，通过相对较短的学习时间来检验自己是否适合继续学习建筑学，从而避免了在这个专业上的过度投入，节省了不少时间和精力，让学生在专业选择上更灵活，有可以再次选择专业的机会。

途径2：本科是5年制学位的项目，获得建筑学学士学位（B.Arch.），这是有建筑学认证的专业学位，有些学校还有五年制的建筑学硕士学位。这种五年制的学士项目在美国曾经一度被认定为是一种标准，尽管从20世纪60年代开始，转换到了研究生教育，但依然有很多学校至今还保留着这种五年制本科的项目。其优势在于，学生投入的时间相对较少：只需要五年学习，而不需要6年到7年才能完成建筑学专业学位，并且本科的学费都比研究生的学费相对少些。这种学术教育的连贯性很强，从大一到大五的专业学习没有断层。

这种五年制本科项目，让学生们在年青求学的阶段，从一开始就沉浸在建筑学的专业氛围中，因此学生们对新理念和实验性建筑有极高的接受度。该项目的缺点在于，会压缩专业和通识教育到5年，连续高强度教学，通常会妨碍到学生在其他领域选修课程上的投入和探索；它也强迫着那些还在大一、大二，大概十八九岁正在步入成熟且好奇心强的学生们早早就确定自己的职业选择。这种项目一旦开始，通常的结果就是：要么赢得满贯、要么输得惨烈，因为建筑学学士学位，只能在经过整整五年的投入，在成功完成所有学位要求后才能取得。

途径3：研究生级别的专业学位项目，适用于已经完成了建筑本科学习但只获得了文学学士 B.A. 或者理学学士 B.S.（途径1），都是建筑学专业的本科生。这些研究生项目通常都是两年到三年制的项目。这些选择了途径3的学生们，是已经持有了非建筑学学位的本科生，以研究生的身份再次入学来获取建筑学学位。

途径4：研究生级别的专业学位项目，为学生提供获得第一个建筑学学位的教育项目，适用于本科是非建筑专业的学生来获得建筑学硕士学位。这些项目中的学生作为研究生入学，一般需要三年到四年进行建筑学专业的学习。他们通常是在入学以前不具备太多的建筑学背景。这些项目大都是为那些年纪稍长的学生准备的。有些学生是经历了工作或者成家以后又重返学校的，他们可能拥有人文艺术、工程科学、商科或者社会学学位。

有许多建筑学院也为已经工作了一段时间，并拥有建筑学认证的学士、硕士学位的学生提供专门的研究生学位项目。这些高级建筑学

高中毕业后的年数

1 2 3 4 5 6 7

途径1　　　　　　B.A.或B.S.（建筑学）
途径2　　　　　　B.Arch.（某些）学校的M.Arch.
途径3　　　　　　B.A.或B.S.（建筑学）到M.Arch.
途径4　　　　　　B.A.或B.S.到M.Arch.

硕士学位项目的教育时间，根据学院和所学专业领域的不同，从一年到两年不等。在很多情况下，这些高等学位项目都需要预定出研究课题，通常是一个研究生和一位担任导师的大学教员合作完成一些定制化的研究课题。这些项目也会提供博士学位，研究专注于技术、历史、理论、评论、城市规划方面的课题研究，基本上不再牵扯到设计了。

国家并没有专业项目和学位的统一命名，这体现出每个建筑学院自身的独立特质，也因为一些建筑单位（会参与建筑实践和教学的组织）对建筑学院的专业项目标准化并不十分支持。NAAB 规定的专业项目评估标准，主要适用于那些认证学位项目必须包含的基础课程，但是这个标准并没有规定课程体系和学习科目，或者教学方法。它反而允许每个建筑学院都有权制定自己独立的教学目标、标准、教学方法，然后评估这个学院是否能够成功地实现这些教学目标，连同一起考核的核心课程是否符合要求，教学师资是否充足。尽管有很多标准化建筑专业项目必须遵守的评估要求，但各个建筑学院在自身课程设置上还是有很大自由度的。

因此，仅从官方网站上获取的关于学位和课程列表的信息，是很难全面了解一所学院的专业教学质量和具体教学方法的。

课程内容

尽管不同的建筑学院可能在课程名称上有差异，但是课程内容上还是大体相同的。因此，我们接下来要涉及的内容不是针对某一个特定建筑学院的课程描述，而是总结一下这些课程的基本内容。一门课程，可能因为学校不同而有千差万别的课程名称，所以重点不在名字上，而在于关注学科的教学内容。虽然不同学校的课程教学进度可能也会不一样，但这些差异并不是很大。

大部分学校的课程设置都包括了为期八个学期的建筑课程学习，这些学习可以是本科生和研究生一起工作，以完成学位项目要求的研修课题。有些研究生院采用 6 个或者 7 个学期制（第 4 种获得建筑学学位的途径）。在没有任何建筑学背景的情况下，高中毕业以后的你可能需要五年到八年的时间才能获得专业学位，是早是晚就要取决于从什么时候开始建筑学的专业课程学习。

建筑学专业教学主要专注于设计、历史和技术三大领域，包括数字化技术。作为这些课程的补充，项目也会包含专业实践、城市规划以及一些历史保护和房地产开发的教学。但这些教学领域实际上都是彼此交叉的。比如，设计包含有技术和历史，还有可能涉及城市规划和历史保护。

建筑史就是研究建造的历史和城市设计，以及与文化、哲学、政治、社会、经济和技术历史相关的设计理论。技术课程教授给学生技术原理和工艺，为探究、工程设计以及构建设计概念做好准备。专业和各种课程的相互关联是建筑学科的教学重点，建筑学本身就是一个跨学科的混合体。

设计

每个建筑学专业项目都会设置设计工作室课程。这些课程是综合了建筑学里多种学科共同协作的统一教学活动。设计工作室的课程通常占据了建筑学专业学位学分比例的 35%~40%，同时这些工作室的学习任务也以极大的比例占据着学生的学习时间，一般可以占到学习时间的 50%~60%。

学习设计，必然要包括基础学科学习、建筑造型学习、图示表达学习这三个不可分割的方面。这些内容包括如下。

视觉分析和构成：使用数字化或者手工技术分析现有的造型，同时创作和推敲出二维和三维的新造型；研究现有的造型（这些造型包括建筑、城市空间、植物、人造手工艺品、绘画、雕塑），并探索可以用于创建新造型的方式和构成原理。

手绘：徒手勾勒草图，表达出创作的概念思路，眼脑手并用，借助不同的表达媒介（主要使用的是铅笔和墨水笔，也会使用碳素笔、蜡笔、水彩或其他颜料），熟练地掌握画线、上色、肌理表达、阴影表达等技法；学习快速绘制示意图和按比例制图，并能绘制准确的透视图，这是一种非常重要的绘图技能。

手工绘制构造图：概念设计图会使用草图工具，大部分是正交投影绘图（平面图、立面图、剖面图）；平行线或轴测投影绘图；一点、两点及三点透视图；以及绘制出投射的阴影。主要的绘制工具包括铅笔和钢笔，橡皮擦和擦图板，描图复制纸，比例尺——用于转换全比

例的真实尺寸到放缩比例的图面尺寸；直线尺（包括丁字尺和平行尺），以及三角板、圆规、用于绘制标准图形和曲线的特制模板。

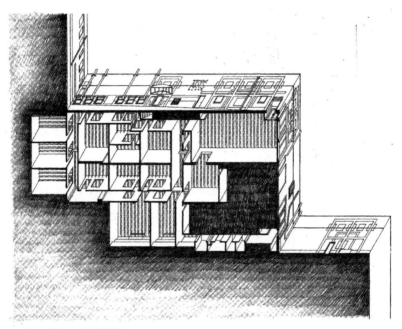

手绘轴测图展示仰视效果

实体模型：手工制作各种比例大小和细节要求的三维模型，用以推敲设计概念。实体模型的制作，或简单快捷或复杂耗时，可以借助于切割工具制作，几乎任何材料都可以用于制作模型：黏土、泡沫塑料、硬纸、纸板、金属、木材、塑料、玻璃、纤维、石膏、水泥，以及各种用于连接材料的黏合剂。

数字化绘图和数字化模型：使用最先进的计算机软件和硬件来创建、操纵和渲染二维正交图纸、透视图、三维模型和视频仿真；选取控制线型；上色、加入材质肌理、光效明暗、阴影、添置家具、人物、植物，及其他任何可以从模型库里选取的物体。尽管软件比较复杂，掌握起来不易，但是学生可以方便地演绎设计理念，决定在推敲理念的过程中，该画些什么，该建些什么模型，并可以控制在展示方案时所需要的图面和模型效果。

建筑设计教学主要集中在设计工作室中，在这里，学生会设计大量不同类型的项目。大学一年级的设计项目通常都体量不大，比较抽象，更加概念化，教学目的是为了激发学生的想象力和培养批判性思维，并培养绘图能力。在随后的学年里，设计项目趋于真实，和建筑师在实际工作中的情形十分相似：设计城市、郊区的结构，或者远郊的环境。学生们也会设计城镇和城市社区。真实的工作室项目还会包

含象征性、精神化或者哲学层面的教学法。

　　美国的建筑学教学始终包含有建筑设计工作室。每位设计工作室的讲师负责少至 8 名学生、多至 18 名学生的教学，讲师也担任评图老师。根据课程的设定，会含有多次的评图教学。工作室的评图可根据各自的项目特点和工作室教学进度安排而独立进行。也有可能工作室只是一个统一协调的大课程的一个组成部分，大课包括若干不同的教学环节，规模可能是整个年级甚至整个学院。这可能在学院内部每年都会有新的调整。

　　设计工作室的评图老师负责规划工作室课程、选择项目、制定工作进度、讲评学生作业，并持续评估学生的进度表现。工作室课程包含大量的一对一指导，即学生与老师的单独教学沟通，和大学里的其他课程大不一样。工作室课程通常都是 6~9 个学分（一般的讲座或者研讨会课程都是 3 个学分），工作室每周要会面 3~4 天，每天至少 4 个小时。这就意味着每周有 12~16 个小时的工作和互动。在这一阶段内，学生大都是独立工作，评图老师会挨个站在每个学生的桌子旁边和学生交流讨论并给与具体指导（通常称之为"桌评"）。集体评图通常指的就是"挂评"，会按照进度有规律地进行，穿插在不同的教学阶段中。

　　随着学生在专业学习上的逐渐深入，工作室的设计项目也会在难度上有所增加。复杂程度可以体现在设计项目的数量和难度上，不一定仅仅表现在设计项目的规模和造价上。从场地条件和设计要求来看，一个住宅或者展览中心可能比办公建筑或者工业厂房的设计难度要复杂得多。

　　在入学第一年的工作室项目里，大部分的专业教学主要关注的是设计基础教学。学生开始接触二维和三维的视觉构成：几何体概念、空间、造型、交通流线以及功能组织；基本技术；可持续性。项目大都是理论化、概念化的，而并非真实的建筑项目，教学目的在于开发学生的创造性思维，助其跳出思维定势，并培养绘图和表达技能。

　　随后几个学年里，尽管项目要求和设计条件依然偏向于理想化和概念化，但会更加贴近于建筑本身，设计项目应该会包括一些小型的公共活动空间或者车站广场的售卖亭、紧急避难所、度假住宅，或者静谧的高档居所（一般坐落在海滩、山地或森林当中）、宗教建筑，以及中等规模的民用建筑，诸如小型图书馆或者市政厅。每个项目都会由评图老师为学生们讲解在设计任务上面临的新课题，并同时强化之前学过的设计原理和技能。一个设计项目会关注建筑的用地规划和建筑的体量关系（根据用地来推敲建筑的体量关系），而另一个项目则会关注建筑结构样式和建筑材料，还会有其他的设计课题会重点关注建筑立面的构成、气候条件的影响，和节能环保设计。学生可以在各种课题中进行创作和推敲造型——关注于体量、空间、表皮、结构，以及景观与给定场地的功能，对给定项目的设计目标和设计要求做出设计反馈，这就是工作室的设计项目教学过程。

随着设计能力的逐步提高，学生们将会进入更高级别的设计工作室，开始接触一些有着更复杂的场地和功能需要的设计项目，并有机会开展针对理论问题、建筑技术和城市设计等方面的更加复杂的调研。这类项目包括多户家庭住宅、行政办公建筑、教育设施、观演建筑，或者交通运输站。更缜密的场地规划练习可能会包括住宅小区、大学校园、交通运输走廊和市民公园的设计。

毕业设计大都会包含一篇论文。这通常需要在前一个学期就展开调研准备，在这期间，学生们选题和确定设计项目，搜集相关的数据。大部分的论文都是独立完成的，和之前的工作室的教学形式不同，工作室都是一起工作，每周有两次到三次的讲师指导。

准备论文的学生通常需要一位指导老师或者来自论文委员会的教员，在论文最终展示前，定期审核论文工作和进度。有些建筑学院会要求学生提交论文的文件，特别是硕士项目，文件包括文字、照片、图纸和模型。

建筑学院大都有学生进阶考核的最低标准，学生需要满足这些标准，才能进入下一个级别的设计工作室学习，或达到毕业标准。因为设计工作室在大部分的专业项目中，都是贯穿在整个教学周期里的，工作室里通常会有一些学生，他们需要更多个学期的学习才能完成建筑专业，有些学生是因为学业成绩，另一些学生则是为了保证校外工作来挣取学费。

历史

历史是任何一个建筑专业项目的第二大教学领域，用于探索和评估建筑历史，并且对当前和未来的建筑发展起到推进作用。立志成为建筑师的学员们需要学习几个世纪以来，由世界多种文化缔造而成的丰富的建筑和城市遗产。阅读关于建筑和建筑师的文献著作，游历和研究有丰富历史的城市和建筑，揭示设计理论、构成法则、美学思想，用以启发建筑师在当下和未来的建筑设计实践。

建筑的历史演进可以根据时间、地理位置、表达主题进行分类研究。历史学家们可能按照时间来开展研究（时代、世纪、历史纪元），或者按照地理位置（大陆、国家、城市、地区）。

表达主题分析会关注建筑师在构成法则、城市主义、技术、象征学、哲学，或者建筑形式上的表现特点。每一个历史学家都有自己最擅长的研究方法来展示建筑历史，但在内容上大部分都是通用的。下面列举一些建筑历史课程的内容：

- 从古代到现代的西方建筑调查，通常都是通过大量的项目图片来举例说明；
- 非西方国家的建筑调查，主要是伊斯兰和远东文明的，但比欧洲历史的教学内容要少得多；
- 古代西方建筑历史，主要集中在埃及、近东、希腊和罗马；
- 早期基督教和拜占庭建筑；
- 中世纪建筑，主要是法国、意大利和英格兰的罗马式和哥特式结构；
- 文艺复兴，主要集中在意大利；
- 在文艺复兴和工业革命之间的建筑，欧洲的巴洛克和洛可可时期，以及法国和英国的新古典主义；
- 从 18 世纪到 20 世纪的法国学院派；

- 19 世纪和 20 世纪的美国建筑；
- 现代美国建筑；
- 现代欧洲建筑，一般分为：第一次世界大战之前，两次世界大战之间，第二次世界大战之后；
- 俄罗斯建筑；
- 日本建筑；
- 本土建筑的历史，一般贯穿于不同的地区、文化、时间阶段，以及技术路线；
- 建筑理论和哲学思维的历史；
- 建筑技术历史；
- 景观建筑学历史；
- 城市化和城市设计历史，研究城市、乡镇和城市空间的起源、成形、成长和规划原则，城市化和城市设计可以是所有历史课题的一个研究方面。

没有一个建筑学院能够在其历史课程中涵盖以上所有的课程，学生只需要学习这些课程列表里的一小部分课程即可。概论课程持续一两个学期，只是触及了学科问题的浅层内容，但是小型的讲座或讨论课则会有机会关注这些列表里的具体课题。一旦进入学校，你就会很快地发现你的兴趣所在，以及哪一位老师的课程会更加吸引你。

建筑学院的历史课程与人文科学的课程很类似，也包括布置和推荐阅读书单，并配以大量的由讲师或者研讨课领导（这个领导有时可能就是课堂中的一位学生）精选案例图片。通常会布置论文、学期报告和小型项目。根据学校的地理位置和教学资源，教师可能会带领学生进行案例的实地考察，这通常都是非常宝贵的学习经历。事实上，实地考察在工作室课程和技术课程里也是非常受欢迎的教学环节。

技术

技术，是在所有的建筑学校课程体系中的第三大板块，包括分析、塑形，以及通过建造来实现建筑。它也包含有研究和表达建筑造型的数字化方法。学生学习工程学原理和技术，用来进一步支持设计并保证设计的稳定、安全、舒适、可建造以及可持续性。技术不能从设计艺术中被剥离出来，设计艺术本身在内容和方法上，与科学和工程学结合得非常紧密。

建筑技术研究涵盖了很多领域：结构技术；建筑材料和建造方法；建筑环境技术——室内微气候控制、照明、声学、节能；计算机辅助设计。这是所有建筑学院都必备的课程，只是在课程量安排和教学严格程度上，不同学校之间会有些许差异。建筑技术对那些有雄心抱负并有基础数学和科学技术知识的人会更好理解，这也是很多学校都要求刚入学的建筑学专业的学生需要学习数学和科学基础导论课程的原因。这些基础课程的知识在之后的学习过程中都会有用武之地，因为建筑技术、设计、历史，都包含在注册建筑师的考核课程范围之内。

结构

理解结构概念和实现方法，对任何一个想要设计建筑的人来说都是必不可少的。结构是建筑的一部分，任何建筑形体都必须抵抗重力的作用以及由风带来的侧向负荷和地震影响。

这些力会在水平和垂直方向上起作用，它们可能会导致结构弯曲、偏向、扭转、震动，甚至被拉伸提高。建筑结构的骨骼或框架，包括地基和基础、承载受力墙体、柱子以及悬跨构件（大梁、桁架、构架）承载着楼板和屋面。拱和穹顶也能够横跨空间。这些建筑整体结构系统中的主体构件，全部连接在一起用以支撑并保持建筑的稳定。

　　很多建筑构件并不是建筑的结构系统——比如：水暖系统、家具橱柜、通风管道以及门窗。需要强调的是，结构系统才是影响整个空间和体量造型的重要因素。首先，结构设计必须符合安全需求，能够有效地支撑和保证建筑的稳定。其次，建筑师必须精心设计构建模式以及建筑造型的样式、体量、空间、表皮——创造一种外表和结构的和谐关系。结构技术和设计艺术需要达到完美的结合。实际上，建筑师也可以利用结构系统本身作为建筑外表形象的表达，创造出一种结构元素和细节裸露在外的视觉表达语言。或者，建筑师也可以设计出将结构系统隐藏在建筑之内，不外露可见的结构形式。

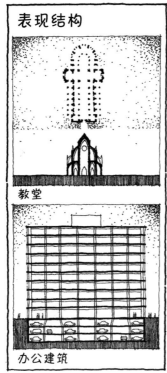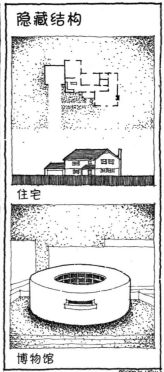

　　要掌握这些技能，建筑学院的学生要学习静力学——如何保持主体的受力平衡，材料强度——特定材料在压力下如何受力，以及结构组件（大梁、桁架、柱子、绳索、杆件、基础、地基、承重墙、楼板或桌椅）的受力表现。学生们需要学习拉力和压力，重力和张力，以及在受到负载和过载的情况下，结构元素所发生的偏转、弯曲和翘曲影响。学生还要学习关键结构构件之间的连接方法和节点，以及与温度相关的膨胀与收缩对受力的影响。还要学习当建筑的构架作为一个整体受力系统时，其如何遭遇自然力的影响并作出反应，这个整体受力系统当中包括我们所熟知的住宅的木构架、标准办公建筑的梁板柱构架、承重墙结构、拉膜结构（比如帐篷或桥梁）、薄壳结构（穹顶，圆顶）及空间构架。

在实际工作中，建筑师通常要决定他们设计的建筑采用何种整体受力结构，需要咨询结构工程师来计算所有的荷载，还包括设计所有的承重要素和构件连接方式。但是，建筑师自身也必须理解结构工程的基础知识，以便有效地与结构工程师沟通和根据设计加以引导。这可以让建筑师和结构工程师有效地合作，进行设计决策，这些决策会影响结构系统选型及其所支撑的建筑外表、质量和建设造价。

建筑材料和建造方法

除了需要具备结构系统的知识外，建筑师还必须了解如何使用不同的建筑材料：木材和其他的天然纤维制品、钢材、钢筋混凝土、石工材料（砖，石，瓦）、砂浆、五金产品、玻璃、塑料、织物、复合材料，以及合成材料，注入的密封剂和绝缘隔热材料。

每一种材料都有独特的艺术、技术和造价特点，建筑师必须细致周密地选择材料。除了视觉效果的要求以外，重点考虑的因素就是强度、耐久度、可加工性、重量、抗温度湿度变化的能力，以及造价。

但另一个特性也是非常重要的，就是一种建筑材料是否具备"绿色环保"的特性。有责任心的建筑师会始终致力于最大化地让材料满足可回收、可再生、无毒、无污染，以及本地化生产采购这些材料以符合相关特性，保证材料运输成本和耗能的最小化。最终目标就是，选定的建筑材料可以有助于降低建筑的二氧化碳排放量，并致力于碳排放量能够趋近于零。

结构工程师设计结构系统的细节，但是建筑师也要承担责任，选择非结构材料和所有非结构建筑部件的设计装配细节。因此，有些建筑学院会开设一些课程专门教授设计细节大样，在这些课程里，学生可以学习到湿度控制、温度控制、尺寸稳定性、耐久性、节能可持续性和自然资源保护，以及如何协调视觉效果。学生们需要绘制图纸，

标示出材料如何应用，如何将各种构件装配在一起，各种接头和连接件该如何制作，以及标注所有组装构件的相应尺寸。比如绘图展示出屋面、墙体和楼板的组装，门窗的组装，护栏、楼梯、细木工家具，以及装饰性元素。

但是，很多建筑学专业项目并不会花费过多的课程时间和精力来教授材料和施工方法。这些教学项目中，主要由教师介绍材料和施工方法，工作室设置相关项目开展研究，但这只是工作室教学的一部分。原因在于，学生在接受完建筑学院的专业教育之后，会以实习建

筑师的身份投入到实际工作中去，有这方面兴趣的建筑师会在实际的
建筑项目中学习锻炼的。

环境和能源技术

　　环境和能源技术主要关注建造环境的安全、实用、舒适，并且绿
色环保。在工程师和其他专业技术人员的帮助下，建筑师在室内环境
设计方面，要努力保证防火防烟、保证热舒适度和合适的光照度，提
供新鲜、清洁的空气以保证室内使用者的呼吸健康，还有合理的声学
特征。建筑必须具有良好的保温隔热性能以提供冬暖夏凉的舒适环
境，并且保证全年都有足够的日照和获取太阳能的设计策略，以降低
能源消耗，并尽可能储存余热，防止热源损耗。

　　除了调节环境以满足需求外，建筑师和其他各专业的顾问还要设
计高效节能的通风过滤系统、水循环利用系统、垃圾收集、天然气供
给、人流、物流交通系统，这些系统就好像是附着在骨骼系统上的新
陈代谢网络一样。建筑学专业的学生要学习电力系统、给排水系统、
暖通系统、交通系统（直梯和扶梯）的基本知识。他们需要学习工程
原理和一些特别的应用技能，理解这些系统如何影响整个建筑的设
计。和结构系统的设计很相似，建筑设计师并不需要负责环境控制系
统的细节和量化设计，但是需要与工程专家们在系统选择和设计协调
上沟通协作。

　　很多建筑学院还设置有建筑照明课程，主要关注的研究方向是最
优化办公空间和居住空间的日照。学生也可能需要学习室内声学，研
究在空间内部的声音感知效果、声音的传播特性，以及在空间之间或
穿过建筑结构的声音传播路径。合理的声学设计是影剧院、教室、礼
堂、餐厅、机场及噪声源附近的建筑所必需的。

数字化工作

几乎每一个在美国学习建筑专业的学生都需要使用计算机进行设计或辅助其他课程的学习，而且计算机已经成为与世界沟通不可或缺的工具。

计算机是从事实际项目设计的建筑师、建筑学教师和学生们强有力的工具。因此，大部分的建筑学院都提供CAD（计算机辅助设计）课程。为此，当今的建筑公司都更偏向于雇用那些对CAD非常娴熟的毕业生。

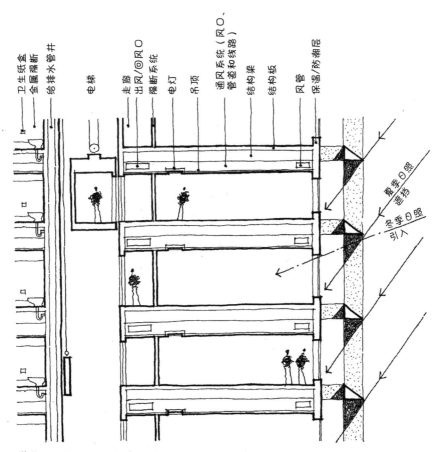

横截面显示，构成建筑的各种系统和元素各司其职为用户服务。

很多进入建筑学院的学生都已经具备了一部分计算机的基础技能。因此，CAD 课程主要的教学重点在于传授给学生们如何使用特定的、更高级的软件程序，除了勾画和绘制传统的建筑图纸以外，还可以利用软件构建、修改数字化模型用以表达设计理念。借助于这些一直演进升级的建筑专业软件，学生可以从任何视点制作出逼真的透视图，还可以创建模拟观察视点移动的动画视频，穿梭于整个设计项目之中。

他们可以搭建、推敲、轻松修改和表现复杂的建筑几何体和空间，建造立面、结构样式、自然环境和人工照明环境，还可以处理各种各样的建筑材料的颜色和表面肌理效果。学生们也可以依赖数字化技术创建出抽象的视觉构成。

尽管计算机技术已经非常强大，学生和建筑师们还是必须自己来做出批判性的评估和通过发挥想象力来进行有价值的取舍，以应用于

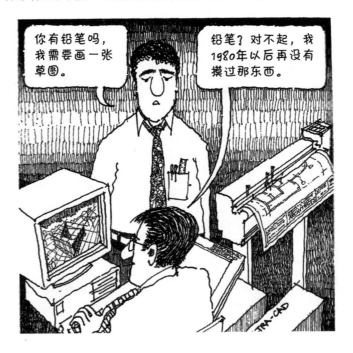

创造、推敲、测试，以及和其他人交流设计理念。这些创造构思，通常都不会出现在计算机屏幕上，而是来自于建筑师的手绘。因此，很多建筑学院都坚持要求学生进行一年或两年的手绘设计。大部分学生都会认识到，很多创造都是笔尖落在纸上的时候，才能逐步产生有价值的方案推敲。

管理

有一些课程着重于培养学生的管理能力，帮助学生具备管理建筑设计进程、处理商务事宜，运营实际设计项目的能力。这类课程因学校不同，而在课程数量和课题类别上有所差异，大部分的学校提供的管理课程其实并不多。这些课程通常都是和其他院系合作开设的，协同的学院包括工商管理、经济、计算机科学、土木工程等，以满足学生的发展需求和兴趣爱好。

一般来说，建筑学院至少需要开设一门满足 NAAB 认证标准的专业实践课程。这些课程会详细地阐述公司是如何组织运营和管理的。课程会深入研究市场营销体系、建筑设计收费标准、项目管理和文件类操作，合同、法律和职业道德的相关知识，以及施工管理。比如，课程会向学生们介绍建筑信息模型（BIM），借助这种数字化工具，建筑师和相关专业的顾问们可以创建分层的、多维度的建造数字模型，这种模型包含所有的物理元素和相关的项目数据。BIM 综合协调了建筑师和工程师的工作，数字化模型可以实时地供所有相关专业部门参考使用，包括设计师、客户、建造承包商、分包商，以及材料供应商可以共享建筑信息。BIM 可以加强施工文件的可靠性，并极大地提高了项目协作和成本估算以及投标报价的效率。

在一些建筑学院，还会设置更高级别的课程，主要关注于施工管理的细节。这些课程会关注施工项目的进度规划、建造业务和分包商的协调、造价和投标，建筑材料的购置，合同谈判，成本会计。然而，基于教学时间和师资的限制，许多建筑学院都不会开设这些相关课程，并认为这些教学内容都是公共管理类的，应该归于管理学院或工程学院的教学范围。

还有一些学院会设置房地产开发专业，这些课程专注于金融、建筑资本来源和调度，在整个建筑建设周期内的开发流程、私人或公共项目的经济特性，以及政府在参与建设时所扮演的角色、涉及规章管理、区域划分和建筑规范、税收和投资法、规划政策、施工程序。在完成这些课程的学习后，建筑专业的学生可能会变得对房地产开发更感兴趣，会意识到他们很可能会进入这个之前并不熟悉的房地产行业工作。

历史保护

历史建筑、城镇和城市的保护是建筑学教育和实践中的一个重要组成部分。保护意识的大大增强源于人们对于城市公共政策的质疑，这些公共政策会以一些城市复兴改造的名义将那些不可替代的建筑和城市衰落区拆毁。民众和政府官员们，也包括建筑师们，最终认识到这些建筑都是文化遗产中不可分割的一部分，它们包含了政治、文化、商业和艺术等历史和现实意义。

保护、重新利用历史建筑也为客户和社区带来了经济效益和可持续发展的价值。建筑保护是一种卓有成效的绿色设计和建造策略。保护和再利用现有的建筑，可以节省大量的能源和材料消耗，同时也能够节省投资和建造资金。建筑师承接的设计项目数量不断地增加，也会涉及城市和郊区房地产开发中一些历史项目的保护。

但是建筑和客户所面临的紧要问题是：什么建筑值得保护？什么建筑表现出过时破败而需要拆除？一些被人们长期忽略的建筑该如何妥善安置？什么时候适合翻新、进行现代化改造，什么时候扩充加建？

　　对有历史价值的重要建筑进行保护，可能包括这些工作：整修复原到建筑的最初模样和功能，但有时也可能涉及保留建筑的外壳，只对内部进行新用途的改建。

　　托马斯·杰斐逊（独立宣言起草人）的故居蒙蒂赛罗和乔治·华盛顿的故居和墓地所在地——弗农山庄就成了历史保护建筑，并被复原到最初的状态。与之相反的是，波士顿的昆西市场是将其历史结构保护下来，改建成为可以适应新商业用途的建筑。有时候，历史久远的建筑需要被保存下来，或者被整体保留或者只有一部分保留，有时会和与之相邻的结构相接，有时会被囊括在新的结构体系中。所有

的历史保护项目都涉及现有建筑或城市的结构肌理改造，对历史建筑
保护方案的拿捏，和设计一个从无到有的全新项目一样，都是一场
挑战。

选修课程

　　设计、历史和技术等专业课是建筑学课程设置的核心，但完善的
建筑学教育也必须有其他各学科的选修课作为补充。虽然叫选修课，
但这也是必需的。它们提供了额外的学分以满足毕业的要求，更重要
的是，选修课开拓了专业教育的范围，一些建筑学课程，特别是与历

史或者技术相关的专业课，当它们不是核心课程所需求的内容时，都可以采用选修课的形式。同时更要认识到，建筑学专业之外的选修课范围是非常广的，知识含量也十分丰富，这些非本专业的选修课可以强化建筑教育在自由职业选择上的跨学科引导力。

以下是与建筑学和实践最直接相关的课程和教学主题：

- 城市设计和城市规划；
- 景观建筑学；
- 土木工程；
- 地理；
- 计算机科学；
- 艺术；
- 可持续发展；
- 生物学；
- 人类学和考古学；
- 社会学；
- 心理学；
- 经济学；
- 商科和管理学；
- 历史；
- 政府与政治；
- 法律。

旅行和留学

许多建筑学院都提供旅行和留学项目，通常是为研究生或者高年级的本科生而准备的。这些项目的时间都相对较短，有的占用一个学期中的一周或两周，有的占用暑假期间的几周，有的是在学期与学期之间的休息期间，还有的也可能是贯穿整个学期或者学年。旅行留学的目的地可以是地球上的任何地方，尽管大部分的项目是在欧洲，特别是意大利、法国和英国这些国家非常热门。其他的地区还会包括斯堪的纳维亚、西班牙、土耳其、俄罗斯、印度、日本和中国。学校开设这些项目是为了让学生们更多地感受异域风情，了解非洲的欠发达地区，深入南美、欧洲或者亚洲的核心区域。当然，当地的语言交流可能是个问题，但是对于美国人来说，这也不是什么大问题，因为英语逐渐成为世界通用的交流工具，特别是对于学生来说，听说读写都不会构成太大的障碍。然而，具备一些基础的外语能力，其重要性对于在海外学习而言是不言而喻的。

旅行和留学项目在内容、课程和学分上面的差异非常大。一些短期的旅行经验可以等同两个或者三个学分的课程，学生在这些课程中，进行绘画、摄影，以及对现有建筑、城镇和城市空间的视觉分析，和对与之相关的历史背景进行分析，以此来获得学分。如果项目时间比较充裕，可以长达一个学期或者一个学年，这些项目通常会包括设计工作室课程，以及第二外语的课程，其等同于在母校的学习工作量。很多情况下，海外的设计工作室都会选取位于所在国家本地的项目设计，并且通常也是所在国家的教员提供课程讲座、批图和评审。

要参加留学项目，除了支付学费和其他费用以外，学生通常还需要承担旅行和住宿开支。但是，很多大学也给学生们提供助学金，用来支持在留学项目中的研究，这个费用通常比传统的学费和住宿费用多出几千美元。如果时间比较充裕，也能筹集到足够的经费支持。留学的经验绝对会让人终生难忘，因为这绝对是独一无二的机会，不仅仅可以看到和在美国非常不同的建筑和城市，也可以让自己沉浸在另一种不同文化的学习氛围中。留学，哪怕是只有几周的时间，也是对年轻人在智慧和生活能力上的挑战和激励，对于有些人来说，留学经历甚至可以改变命运。很多学生都带着新思想和改观满载而归，这些改观既包括建筑业也包括对自己内心的再认识，都是通过其他方式绝对无法获得的宝贵经历。

4 感受建筑学院

在美国的建筑教育体系下，想把建筑专业学生的学习状态描述清楚可并非易事。本章会提供一个教育调查简报，希望该方法可以更好地展示在建筑学院接受教育的感受。

入学第一年：惊人的工作量

在建筑学院学习，刚起步就是一个挑战，这种感觉很微妙，既带着一种神秘，又有一丝惊喜，入学伊始就会是课业压力巨大无比、让人精疲力竭的一段时间。无论你提前准备得多么充分或者你提前了解到了多少建筑学院的消息，你所经历的都会与你之前预期的有很大的差异。第一学年的真实感受就是你在设计工作室的课程会逐步地展开，同时伴随着其他建筑学课程融入课表，你会感到非常非常忙碌。

的确，第一个让人惊叹的就是你繁忙的程度和巨大的工作量，很少有学生能够提前预见建筑学院那堆积如山的作业到底有多么让人窒息，特别是大学一年级。在建筑学院的传统中，入门级的设计工作室就设置好了建筑生涯的初始步调，就是一系列持续时间不等的作业。有些要几小时、几天，另一些则要几个星期，持续时间长的大任务经常被划分为持续时间相对较短的小任务分配给学生。这些基础设计项目都断断续续地推进着，这需要学生持续地投入和拼尽全力，有时甚至要白天黑夜地连轴转，所以实际消耗在课程上的时间远远超过了学分要求的课程时间。

工作量带来的心理震撼和其他类型的脑力劳动和身体所遭受到的折磨很类似，会由此产生正面或者负面的反馈。消极的一面自然是：疲惫不堪、头脑麻木。大部分的工作室作业的本质就是劳动密集型工作。学生们需要花费大量的时间用于绘制、切割体块、粘合模型。虽然在很多时候，这看起来都是单调乏味的，但也有很多时候让人觉得兴奋不已。短暂的亢奋期会很快灰飞烟灭，取而代之的是消沉期，你会拼了命一样地追赶进度，寂寞孤独地与时间赛跑。

喘口气稍作休息，通过肾上腺素爆发唤起了重新振作的能量，反复地在这种剧烈的频率变化之间切换。即便你真的能够在这一阶段挺过去，那下一阶段也未必轻松，这种感受可能会来得更加明显。

处理这种工作压力别无他法，只有一条出路：时间管理。因为设计工作室需要海量的时间和精力投入其中，那些过来人们都是如何挺过来的呢？三天两头都会有一个设计作业的截止日期，间歇时间少得可怜。教员们经常会嘱咐学生们一定要稳定、规律地推进工作，比例合理地将时间分配给一个学期的每一门课程。

大部分设计工作室的工作都是在突击中完成的，经常就是在截止日期前的"一刹那"才刚刚做完。创作过程本身就是与稳定、持续、规律这三个理想化的状态唱反调的。建筑师称这种突击叫做 chareette（法语：运货推车的意思，引申为"拼命赶工"）。在建筑学院里，赶工是在截止日期前的一段时间里，强度极大且不会有什么休息时间，经常要至少有一次通宵熬夜的加班才能把作业赶完。在 19 世纪的巴黎美术学院，学校会用一个运货的推车，在最终截止日期以前去收项目图纸，学生们也疯了一样地玩命赶图，甚至趴在推行中的运货推车上面，争分夺秒地在车上画完自己的图纸，所以 chareette 这个词就应运而生了。如果你有机会去建筑学院的工作室转转看，特别是在接近设计项目截止日期的那段时间里，你会看到学生们在"疯狂赶工"，那日子可以说是没白天没黑夜，目标只有一个：赶上进度。很多学生甚至都不回家，有些人实际上就住在了工作室里，这些人就是传说中的"露营学霸党"。

如何面对大学一年级扑面而来的巨大工作量呢？最明智的方法就是要积极应战，用一种愉快的心态去面对，进而夺取最终的胜利。

Illegitimus non carborumdum 的意思就是"不要让混蛋把你搞得太难堪!"挺住,坚持下去,痛并快乐着。让朋友们为你的执着投入和战胜困难的魄力报以掌声。

大学里的其他学生也会被你的献身投入和吃苦耐劳所深深折服。建筑专业学生的刻苦努力程度在大学里那几乎可以说是人尽皆知,建筑学专业的课程难度之高也绝对无可争议。

你会发现,当你在抱怨自己已经身负惊人工作量的时候,却经常碰到项目截止日期与考试时间撞车。虽然大家都很清楚你已经遭受了巨大的身体和精神双重压力的折磨,但几乎大部分的教员都不会对你有任何同情心。他们的这种同情心缺失并不意味着他们不理解你的体会,因为他们也一样经历过这一切。他们很清楚你严重缺乏睡眠,也经常错过与朋友或者家庭的聚会,你真的太需要来一个清爽的沐浴了,也可能你为了支付学费已经快身无分文。你有一身值得同情的泪点,但是前辈们将会告诉你,这一切都无法避免,这一切都是为了实现理想,为能够有一天苦尽甘来而做出的努力。这是每一个人都必须要去经历的过程,也是每一个想成为建筑师的人的必经之路。工作量带来的压力既是一个积极的推进力,也是一个严峻的考验。

新的价值观,新的语言

除了惊人的工作量如影随形,价值观和语言的困扰也是个不小的阻碍。你会感觉到自己被各种新颖的,但通常又是含糊不清的新语汇包围了。只有建筑师和一些建筑领域的业内人才能真正理解这种只属于建筑圈子内部通用的术语。你将会从你的建筑老师那里第一次听说"建筑语言"这个词,然后这个词就会经常来自于高年级建筑专业的同学之口。阅读建筑文献也会让你了解到新的语言。

价值观障碍和语言障碍两者是关联的,因为价值观就是通过语言的表达来体现的。应该认识到所有的学术和专业领域都是精细化发展的，内在价值体系就是在该领域内部，能够被普遍接受的一整套准则。

这个价值体系的表达有着自己独特的语言，在任何地方都没有明确的定义。你肯定买不到这种冠名的书："建筑的价值体系——如何根据你看到的或者听到的，以及建筑师所用的辞藻和其意义来判定万物的对与错？"

在建筑学院内部传播的价值观和语汇让人感到惊奇，因为它们既不为人所熟知，表意也不清晰，通常都是模棱两可，它们的应用和含义都是依赖于特殊的条件和环境，教授与教授之间的不同，学期和学期之间也不同。当你在思考，你已经弄清楚了你的老师到底在讲什么的时候，新的隐喻象征和语汇解读又会让你产生新的困惑。

建筑学是艺术和科学的结合体。它需要逻辑、方法、理性分析和可量化；另一方面，直觉、感性、情感、执意和主观判断也扮演着重要角色。因此，从一开始，学生们就会面临着一系列的内心矛盾、不确定性和困惑，特别是在设计工作室里，很多根本无法被科学论证的价值观和判断力会经常出现，引起争执和辩论。学生们发现设计的思考过程，实际上是在左、右脑同时进行的，向教师展示作业的时候，成果不但要听起来合乎逻辑，而且还要同时具有艺术创新。

大部分建筑专业的学生都有类似的学术体验。在高中和大学的课程里，教师会经常展示一些特定的材料，并且问特定的问题，这让学生们像反刍一样地反复思考，有时候能领悟到的内容其实极其有限。这个过程强调的是让学生提供事实依据，展现逻辑的推理结果，或者理性的解决方法。学生们试图搞清楚教师究竟想要自己做些什么，经常无奈地说："告诉我你究竟想要什么？！我们会给你想要的。"

通常学生们的这种呐喊起不到什么作用，因为，设计不是这样教的。工作室的评图老师所倡导的价值观通常看起来都不是那么的明确，教学目标也不是很清晰。可能有一天，评图老师会强调：要仔细斟酌交通效率和流线设计，但也可能转过天来就会反驳你的设计，因为看起来太像一个流线分析图。某一天里质疑你的图面颜色太少，但另一天又点评你的图面颜色过多。某一次评图里先说你的比例关系控制得很好，但很可惜设计上却行不通；或者设计上没问题，但是比例关系太糟糕。要简洁——这话是他们说的；太简单，这话也是他们说的。这个细节复杂度恰到好处——他们刚刚开口；细节真的太复杂了——他们转脸就变卦。少即是多。你为什么不展露出结构层次？你为什么要暴露出结构层次？变化太丰富了吧！怎么都不来一点变化呢！

　　也许这种价值观和用词的错综复杂，会变得越来越明显。我们这些教师经常挂在嘴边的言语，怎么会如此频繁，如此自信，如此犀利？

　　我们这些教师到底想表达什么？到底想要什么？教师们，当然也包括极少数的刚入学的学生们，如何知道一个比例关系合适或者不合适，到底该用哪一个颜色，什么时候细节的复杂程度叫做恰到好处？很明显，在对学生们提出一些要求和评价的过程中，评图老师当然对一些标准是心知肚明的——有一套理解价值观的方法但却没有把这种理解方法解释清楚——根据这些标准，他们能够做出评价并判断对错，但为什么不分享一下这些评价标准呢？

　　描述物体价值的辞藻可以说是无穷无尽。我们可以把建筑描述为建造过程、居住工具、生存环境、造型、结构，或者叫雄伟宏大的巨作。建筑可以被称为物体（独立存在），也可以称为背景，或者是一

种大环境的补充物。空间这个词指的是一个房间、一个走廊、一个过道、一条街巷、一个广场、一个阁楼、一个有间隔的区间，或者任何空出来的区域。空间可以流动、渗透、混合、延展或收缩。空间可以是没有固定形状的一个模糊概念、没有开口、没有明确的边界；或者空间也可以有清晰的界定关系、有具体的定义，有可容纳性，有可识别的形状和边界。一个壁橱或者浴室就可以是一个空间，在美国首都华盛顿的一个商场、在纽约的中央公园都可以称为一个空间。

即便是我们十分熟悉的建筑构件也经常有多种命名方式。窗户可以叫做窗口布局、墙面开洞、采光视界、透明虚化、打孔、光圈、剪挖。墙也可以叫做垂直面、表面、空间界定或间隔、围合、分隔，或者隔断。庭院也可以叫做中庭、柱廊内院，或者室内开放空间。门廊也可以叫做京廊、柱廊，或者过渡空间。走廊也可以叫做廊台、交通连线、步行街、途径、回廊，或者过道。

评图老师和学生都喜欢讨论各种造型的可视化特点。你可能会经常听到下面这些名词和形容词：

尺度。是指局部相对于整体的尺寸关系以及构件和人体尺寸的相互关系。当建筑师在讨论尺度时，他们往往是在关注设计的感知，关于在一个既定的环境中，由于构成和比例关系，某一物体看起来是小还是大。

适当。设计是否融入或者反映了项目所处的周边环境。描述的内容可以指一个设计的尺度、样式、特点、功能目的。

意向。对于一个地点或者建筑的整体观感。

材质肌理、外形、韵律、光感、色彩和尺寸。这些相对客观的表述，对于建筑造型是非常重要的质量特征。

象征。指的是建筑看起来象征着其他的事物。建筑可以像机器或自然生物体，比如贝壳、鸟、植物。或者几何形体——立方体、球体、长方体、条形体、圆柱体、晶格体、棱锥体、链条、缠绕打结，或者

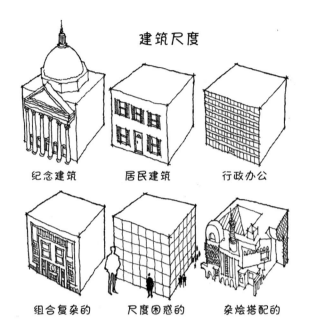

是以上这些几何形体的综合。象征隐喻建筑造型可以从文学、宗教、哲学、科学或者艺术中获取灵感。

功能。指的是建筑满足人们在使用功用、结构稳定、环境舒适、健康安全、可建造性、成本可行等方面的需要。对功能的考量和对艺术的关注是不同的，相对来说，功能方面的考虑相对量化，并不是基于主观的自我意识来判断的。

造型，样式，形式主义。有非常多的业内术语来形容建筑师所设计创造出的三维实体、视觉效果和外形特征。建筑、城市、空间、结构元素、装饰、植物和其他各种物体都有造型和形式，造型可以传达出视觉图像效果。

类型。这是一个从语言学中借鉴过来的专业名词，指的是物体的分类（比如建筑类型、住宅类型、房间类型、街道类型、桥梁类型）。一个类型的物体具有很多相同的、可辨识的结构和造型模式，不依赖

于其历史起源、类型或者功能。

　　交通流线。在一个环境内部，或者围绕、穿过这个环境的移动模式和方法，有人的流线、车辆流线，货物在建筑内部、社区、校园、村落、乡镇、城市、房间或者景观绿地内的水平和垂直流线。交通流线经常构建出很多建筑类型的空间骨架。

　　统一，和谐，连贯。指的是任何的构成形式，通过整体或者局部特征体现出彼此的联系。这种效果主要通过视觉的联系，和可以感知到的相互联系，这种关联主要依靠肉眼的观察。如果失去了统一，就会出现视觉不连贯和断裂。但是对和谐的理解可能确实是因人而异的，在一些人看起来和谐，另一些人可能却觉得一点也不搭调。

　　层次关系。视觉上的重叠元素——体量、房间、墙体、出入口、玻璃、透明的幕墙、拱廊、柱廊、植物，或者其他的物体分布在空间中，从前景到背景一层挨着一层，从上到下地互相关联着，观察者可以在同一时间看到很多重叠元素。观察一下城市的街道布局，你会发现由道路标示、树木、长椅、停车计时器构成的层次关系。建筑立面也是由一系列的平面层次关系创造了三维的表皮结构，由此能够投射出丰富的光影变化，这样才能特别容易辨别出层次关系。

不相关的建筑元素和多重平面的叠加能够创造出这种卡通画一般的建筑立面和整体造型效果。

可读性。是指一个建筑设计的概念可以被人感知到并描述出来，设计主题能够被清楚地识别和解读出来，这个解读的过程就像我们读文识意的过程，或是通过观察人的面部表情，察言观色来了解内心一样。建筑可以通过解读，识别出其功能、二维和三维的构成模式、材料和结构关系，文化传承和渊源，所象征的抽象内容。一座哥特式教堂，一个飞机场，一栋商业办公综合体，或者是一个纽约股票交易中心，这些建筑都是非常容易解读的。如果有些评图老师评价说：这个建筑的设计概念无法解读，那么建筑专业的学生就要"重写"这些设计元素，直到自己的设计作品具备了足够的可读性。

成百上千的形容词可以让建筑评语看起来别有一番风味，特别是出现在学生作业上的那些评论备注。你会经常看到以下评论：

有趣。这个评论代表着从传统意义上的单调乏味、平庸陈腐、还算过得去这种层次，过渡到了激进、独具匠心、兴奋异常、灵光一现。一个"有趣"的设计方案很少能够得到 A，然而"非常有趣"一般都可归于 A 这个级别的分数。

满足要求。这几乎跟"有趣"也没什么两样，这种评论暗示着：这个设计还将就、行得通、能够接受，但是和才华横溢、革命性创新一点边儿都不搭。"满足要求"这个词眼只能说是对建筑师的最低要求了。

令人信服。也是经常出现的评语，这一般指的是一个设计看起来在图面和模型效果上考虑周全、制作精良、令人信服，意味着：你在艺术、功能、技术等方面，都已经创作出让众人都认可的设计成果。

丑哭了。丑，这是个经常听到的词。这通常很直白地表达出了评图人对你的设计作品一点都不喜欢，老师可能根本就不屑于再评论什么多余的话。其他的人，可能正是因为"丑"而关注到了你设计。

美到爆。评图老师很喜欢你的设计，也可能是作品还有其他诸多优点。一定要记住：建筑就像所有其他的艺术一样，大部分的美感都是依据观察者自己的喜好。

赋予意义，毫无意义。这通常是指设计作品所流露、表达、象征、代表、暗示的含义超出了物质本身。比如说，柱子，是一个垂直结构元素，它承载着负荷，在建筑结构组成中扮演着重要的角色。但是它们也可被赋予其他的含义，可能象征着挺拔、力感、克服困难，作为天与地的连接体，或者任何设计者或历史学者赋予它们的象征符号。对于有些老师和建筑师来说，设计无法被解读也就意味着这些设计毫无意义。当然，有时候只用"有意义"这种辞藻来表述某个设计作品，这种评价本身其实就缺乏意义。

也许建筑价值的不确定性和评判的主观性，会导致喜欢做研究的建筑师追求更加科学的语言，使用更准确的词汇和定义来解释设计作品。随着新的术语和分类形式的出现，词汇表也会越来越长，并伴随着不确定性和主观性。因此，刚刚进入建筑学院学习的学生们要记住一点：这就是建筑传统的一部分，大一的新生们千万不要被这些惊人的语言阻碍了对知识的理解和求索。

竞赛和分数

很多学生在进入建筑学院后都没能最终完成专业学习，经常会有中途退出的可能，因为他们发现自己缺乏这个专业需要的天资。很少有学生会仅仅因为海量的作业而选择退出，作业负荷对于大部分人来说都能够很快地适应。但是，有一种非常强烈而明显的竞争压力，被设计工作室教学中所包含的艺术化倾向而进一步强化了，即便是最刻苦努力的学生也会感到这种气氛几乎让人窒息。

大部分的教学机构都会采用分数制，来表明学生在课堂和校内的学术表现。建筑学科当然也不例外，只不过对于建筑专业的学生来说，勤勉和刻苦不一定会得到相应的高分。事实上，有不少大一大二的学生在倾情投入中靠自己的血汗、泪水和大量的时间完成了设计作品，却在最后被判定为设计平庸甚至糟糕透顶。这种窘境绝不会只发生一次，而且打击在到来前没有任何预兆。你可能会在上一个设计任务中获得了 A 或者 B，但是紧接着就可能拿个 C 或者 D。面对这样的情况，到底该怎么办呢？

其实，这真的是再正常不过了。要摆正心态：是你的设计作品被给予了某种评价，这种评价绝不是针对你个人。大部分学生在学校的整个分数历程就好像过山车一样，你唯一能做的就是尽快适应这种刺激。很多学生的表现都是时好时坏的，每个学期、每个月、每周，甚至每天都会发生这种境况。需要铭记在心的就是：只是一味地努力刻苦在建筑学院根本行不通，天赋和才华往往扮演着重要角色。

大部分的教员在给学生作业打分的时候都是曲线式的，这个分数都是在一个班级或小组内这种小范围中的相对分数，并不是以全体学生的标准来衡量。有时候，小组内的每个项目都可能不尽如人意，也可能都还不错，不是 A 就是 B。经常有这样的学期：没有任何一个人得 A，也可能突然出现了好几个 A。这主要根据评判标准，有些老师可能会以极其苛刻的标准来评判，对学生要求异常严格。

你必须冷静审视和对待这些分数。要知道，这些分数只是在某一个特定的时间内，通过各种主观和客观评判，最终混合而成的一个数字。

这会随着你在学校里的成长和工作的变化而改变。它们既不会毁了你的未来，也不会确保你在将来的事业中就会一帆风顺。一旦你离开了建筑学院，几乎没有人还会在意你在学生时期的分数。但是可以确定的就是，如果你不竭尽全力地一心扑在学业上，无论你的天资有多么傲人，也绝不可能得到一个满意的分数。

在建筑学院里的竞争，对于分数的关注也几乎是随处可见。一旦加入了这个竞争游戏之中，你最好要维持一个平均成绩，才能完成升学继续推进学业进度。大部分的研究生院都需要最低平均分不能低于

B（3.0）。很多建筑专业的项目都不允许在设计中表现得差强人意的学生进入下一个设计工作室学习，即便这些学生的 GPA 再高也无济于事。所以学生们为了保持自己的学术表现还算说得过去就会倍感压力，但是这种担忧并不是什么普遍现象，在一个班里顶多也就只有几名同学会为此而担心。

希望名列前茅、出类拔萃，或者至少是能够无限接近于鹤立鸡群的尖子生之列，这种心态既是压力也是动力。竞争的压力是内部和外部共同作用的结果。执着于此的学生会不断地鞭策自己，尽管压力巨大，也会从内心深处对自己提出严格要求，以期达成既定目标。与此同时，来自包括教员、同学、朋友和家庭的外部压力也丝毫没有减少，而且这种内、外共同作用是永无止境的。有些同学在这样的压力下可以茁壮成长，而另一些同学却会为此产生持续的焦虑，这种心态会严重地影响他们的表现。见或视而不见，压力就在那里，竞争也从未消失，你一定要学会自我调整去适应这样的环境。尽量让其成为有助于你付诸全力、战胜自我的动力。

并不是所有的建筑学院的学生都是独来独往的。设计工作室的老师会经常安排学生们进行团队合作，可能是一个设计项目的整个设计周期，或者只是一个设计项目的某几个设计阶段，例如共同搭建和分享一个场地模型供项目研究使用。

学生们也会在其他课程中以团队的形式完成课程，比如建筑技术。团队并不意味着竞争有丝毫的降低，合作项目也会引起团队内部队员之间的竞争，当然还有团队之间的竞争。令人遗憾的是，团队中难免会有某个成员可能无法完全胜任自己的本职工作，经常会导致其他团队成员怨声载道，同时也给教授的公平打分带来很多麻烦。然而，学校里的团队项目经验可以帮助同学们很好地模拟真实项目的运作方式，因为大部分真实项目都不是仅靠一个人就能全部拿下的，团队合作才是常态化的。

铅笔恐惧症

即便现在是数字化时代，铅笔和绘图纸依然是建筑设计中不可缺少的创作工具。绘图依然是在设计起步和推敲过程中，可以让建筑师随心所欲地探求设计可能性的好方法。就像其他的艺术家和手工艺人一样，建筑师也必须通过实践和反复练习才能精通各种设计工具的使用。优秀的建筑师可以非常自如而娴熟地进行手绘，如果没有了铅笔、绘图水笔、针管笔或者鼠标这种上手的手绘工具，他们几乎无法展开设计创作。在建筑设计的过程中，思想、身体、工具三者是合而为一的。没有人可以只依靠思考和在脑中随便想象就能开始建筑创作。

在精通CAD之前，学生们必须学习使用铅笔、墨水和其他的工具勾画草图。作为设计中不可或缺的部分，绘图是建筑师表达设计理念的图形化手段。一些刚刚起步的建筑专业的学生会发现这个学习过程很痛苦。他们甚至会慢慢变得对绘图纸有一种畏惧情绪，尽管有些时候这只是一种潜意识的恐惧。这种对绘图的抗拒情绪，究其根本，是因为对设计的焦虑和对绘图工具的掌握没有自信。

刚刚入学的建筑专业的学生很快就会认识到，如果自己在上课时没有展示图，评阅老师就会认定你实际上没有任何设计成果，这也就没有什么可以评估的。很多设计课的老师都是这样的：如果没有看到图纸，根本就不会搭理你，觉得没有必要和你讨论什么设计方案。同时学生们也会发现，一些老师在刚一看到展示图纸时，就会对所展现的设计内容一味地给予负面评语。所以学生们也会以"不擅于手绘"为理由来当做无图可看的辩词。经常有学生把这当做一种避免被打低分的小伎俩，老师们其实是心知肚明的。

建筑设计从本质上来说，是一个不断推敲、不断试错、不断更正的过程。绘图就是用来进行假设、推理、评价设计方案可能性的手段：探索更好的设计理念，清理不合适的构思，然后将优选出来的概念进行不断的加工和完善。设计就是一个不断尝试和改变的过程。如果没有这种反复的努力——通过铅笔、绘图纸、研究模型，随后是数字化绘图和建模——你是不会在一个建筑设计师的道路上走太远的。因此，我们需要自由的、随心所欲的、精准的绘图技能。多些设计草图的研究和推敲，往往要比少得可怜巴巴的几张草图带来的结果好得多。20 分钟思维缜密的评审，即便自己的设计没有得到认可，也会比两分钟的口头歉意应付了事要强上百倍。

建筑学院的文化环境和社群特点

在你进入建筑学院的第一年，你会开始感受到，你已经融入了整个学院的文化和社群关系中，这种社交氛围只属于建筑学院内部，而不是在学校那么大的范围内。之所以有这种独特的文化和社群关系，原因众多。大部分的建筑学院都很小，所以你可以在一两年内就和大部分学生和教员混个脸儿熟。建筑学院的学生在大多数情况下都是集体作息：一起加班加点地赶工，特别是在进入设计工作室以后，群体行动几乎成了常态。

在很多建筑学院，学生们也会用几周或者几个月的时间，在暑假或者其他的学期进行集体海外游学。学生们经常会在本地社区或义工组织里做义工来帮助有困难的社会群体。所有的这些个体之间的互动都促进了社会关系的巩固，这在其他专业的学生群体中是十分罕见的。而且这种社群关系的巩固还会因为共享设计任务而得到进一步加强：大家需要共同面对建筑项目的历练和挑战。

很多建筑师都将他们的校园时光看作是自己人生经历中最重要的人性塑造期和毕生享用的财富，这段时光不但让他们感到智慧和创造力的强烈迸发，同时也结识了自己人生中的重要伙伴和学术同仁。有些人把它比作在海军训练营里度过的军旅岁月一般。大部分人都对那些让人激情澎湃的体验铭记终生，而同时忘却或忽略掉那些所有学生都会经历的艰辛或失望。

　　建筑学院的学生不仅建立了同窗之间的稳固友情，还会与自己尊重和钦佩的老师、对给予自己设计指导的教授们保持良好的关系。这种密切关系通常是基于彼此的共鸣和共同的学术兴趣。学生们经常会被那些睿智、平易近人的导师所折服，导师会十分关注学生们的作品，抑或是年龄相近带来的吸引力。老师的教学风格会有很大差异，这直接影响着学生和老师的关系：有些高冷，而有些随和。学生们对有些老师可能知之甚少，而跟另一些老师却情同密友。当然，最重要的还是教师的教学效果：帮助学生去挖掘自己在建筑领域的潜力。

　　学生们在学校的环境中沟通密切，分享彼此的学习心得，也由此发展出诚挚的友谊并形成各自的小团体。借助于个人关系或者学术兴趣，或者因为类似的社会、文化和民族背景，学生们会自然地找寻与自己相识相知的伙伴，形成情投意合的小社群。

　　正因如此，学生们的小团体都会显得亲密无间，因为大家在艺术、思维，包括社交圈子上都是完美配对：拉美人、亚裔美国人、非洲裔美国人；外国人或者女孩子们；年长的或者已婚的；同属一个大学联谊会的，或者体育狂人们。

　　在很多学校里还存在着另一种社会圈子的"精练提纯"。设计是建筑教育的学术核心，对于课程表现来说，天赋所起到的作用真的会非常明显。因此那些可以在设计上有过人之处的学生会在创作力和艺术表现上十分耀眼，会得到同学和教员们的格外关注。他们就是设计工作室里面能够极大地拉高整个工作室设计表现的天才明星。这种地位会逐渐凸显，也可能在学院内众所周知。在设计上有顶级表现的学生会得到设计评图老师的格外照顾，甚至获得教员们的尊重。一些评图老师会更加纵容地放宽，甚至打破项目课题的设计规则，这些规则对于其他学生来说必须遵守且不容越雷池一步，但对于那些有天赋的学生来说，即便打破了规则也是有罪不罚。其他的学生们也会经常请教这些天才们。他们经常会在评图中受到赞誉。这种情况对于那些短期内可以见到成绩起色的科目，特别是在除了设计以外的其他学科领域里，并不常见。但这就是建筑学院生活的真实写照：设计天赋就是最有价值的天赋。

评阅审判——人生必经历程

在建筑学院的传统中，很著名的一项就是对学生的设计作业进行公审，无论是挂在墙上的批改还是在计算机屏幕上的评图。

评阅，标志着设计项目完成或者设计的阶段性工作暂告一段落，学生需要在评阅阶段展示自己的绘图和模型，以供审判。评阅通常是组织性的，由工作室评图老师执行，也可能包括了邀请来的其他教员和校外的建筑师或者虚拟的设计客户。评阅是建筑教育经历的重要组成部分，这通常是开放给设计工作室的所有学生，有的时候还会开放给其他工作室一同参加。

一般情况下，学生会站在自己的作品旁边进行汇报展示，所有的人都会盯着汇报人。通常来说，图面本身就可以说明很多问题，但是学生也希望能够在汇报过后和评阅老师交谈，为自己的概念进行更多的口头解释和答辩。这在建筑教学中是司空见惯的事情，但是对于那些之前从没有在建筑学院学习过的学生来说，可能从来没有感受过这种震撼。

想象一下你在准备一个汇报展示。有两点是必须时刻牢记的：① 你的绘图和模型是不是能够让别人容易理解，而且可以全面有效地传达你的设计理念？② 你的设计是被赞许还是被嘲笑了？这是两种不同的结果，但关注的点却都一样。

能够如期完成工作取决于时间管理、任务组织、决策判断能力的好坏，以及手工和数字化绘图的效率。你会很快在入学的第一年就体会到，如果给评图老师展示的是一个没有完成的作业来糊弄交差，那你绝对要自吞苦果了。这种情况下，老师几乎认定了这种学生根本就没有完成规定作业，既然这么心不在焉那就根本不值得浪费时间审图，无论这些学生自认为在创作上投入了多少精力。评图老师很可能会当面拒绝评审那些尚未完成的作业展示，特别是学生希望用口述的形式来补救的时候，老师也毫不留情，经常公开斥责这些已经四面楚歌的倒霉蛋儿们。

具有鼓励教育倾向的评图老师会评价说：这可能会是个不错的方案，前提条件是让我们看到它的全貌；或者，再过一个星期，这个方案绝对会有更出彩的地方；再或者，可惜的是你的表达并没有完全展现出你的设计理念；抑或是，我们现在所看到的只能说这个作品还是很有潜力的。

但那些要求严格，甚至说话刻薄的老师会评价说：你肯定有大把的时间来完成项目设计；或者，你怎么好意思让我们一堆人来看这么个破烂玩意儿？或者，有你这么烂的方案摆在这里，这世界上就不会有更烂的了吧；再或者，你觉得浪费我们的时间真的很心安理得吗？抑或是，你居然自私残忍到让我们为了你的这个破烂货，坐在这里受尽折磨？

大部分情况下，评图老师都会将自己的评语尽量处理得幽默十足并有些同情心，但是也经常会有不屑一顾的老师会直接表露出轻蔑和嘲讽。很多人都非常惧怕在评图阶段会饱尝激烈的批判，为了避免这种尴尬发生，学生们都会拼尽全力，或者至少在交图日当天让作品看起来是一个完整的展示成果。但是学生们在节奏调整、时间管理、画图和建模速度上是有很大差异的，对于那些能够迅速确定设计方向，快速出图的学生来说，就会在赶工中处理得相对游刃有余一些，但是也有一些学生真的是要拼了老命才能勉强过关。

评图所关注的重点还包括艺术性、功能性，以及项目本身技术的特点。设计作品是否能够得到肯定？是否具备竞争力？能不能拿优？

一位建筑学的学生在向教员老师们展示自己的设计成果

有没有可能鹤立鸡群？评判的依据会因为评图老师各自不同的立场和偏好而有差异。你可能对自己的设计很满意，有些评图老师会给予积极肯定、表达赞赏，但有些老师却可能觉得根本就不对自己的胃口。

　　想正确地预判出评图老师对设计作品的态度到底是褒是贬，这几乎是不可能的。学生之所以会经常有这种焦虑不安的情绪，很大程度上是因为，在评图之前你已经竭尽全力，你会对自己说："挂在墙上的可不仅仅是几张图纸啊，那简直就是把我挂在墙上展览一样啊！"

因此，你就会下意识地将对设计作品的评语解读为是对你个人的评判。自觉不自觉的你就会开始琢磨："如果老师不喜欢我的作品，那就说明老师很讨厌我这个人！"作为这本书的作者，我真的要和你把这个事情讲清楚：评图老师对你作品的评价，真的不代表针对你个人，但即便我告诉了你千万不要介意，想必你的感受还是很难瞬间平复吧。你迈不过的一道坎可能是：如果老师喜欢你的作品，你心里就会如释重负；相反，如果老师不喜欢你的作品，你就会一直忧心忡忡、夜不能寐。

另一个导致很多学生在评图期间产生忧虑的原因是：自己是站在了万众瞩目的聚光灯下来展览。在这个舞台上，老师和同学们，教授和自己的小伙伴们，都注视着你本人和你的设计作品，都在关注着你是成功还是失败。

你会感到心潮澎湃、脉搏加速、口干舌燥、语无伦次。你会担心自己冒傻气、没忍住甩脸子，或者难堪到无地自容，大脑一片空白跟忘了台词一样，或者情绪失控放声痛哭，或者和对你的努力程度与设计理念表露出质疑的老师争得面红耳赤。有很多学生，在自己被当着众人的面儿公开点评时，哪怕一些平日里听起来根本毫无敌意的言语，都可能感觉芒刺在背、魂不守舍。"我看起来怎么样？""裤子的拉链拉上了吗？""我要不要第一个上台展示？"经历过设计评图的同学，有这些忧虑都是可以理解的。

但是也有很多学生会对评图兴奋异常。这些学生通常是充分自信的，无论他们的作业如何，他们都很享受评图带来的挑战，期待展示自己的作品，热心参与这些非常刺激的讨论。如果你对自己和自己的作品信心百倍，即便在评图过程中受到了非常负面的评论，这个过程也绝对是一次实现自我、认知自我的升华。有些学生有着赌博一样的冒险精神，他们喜欢一切未知的挑战，即便胜算不多，也要拼命一搏、期待大胜一场。

我们已经介绍了大量的关于学生评图心态的内容，但如果不说说评图老师们的行为特征，那我们对评图的理解绝对是有缺憾的：老师们的所做所说，他们彼此之间以及与学生之间的交流过程到底是什么样的呢？对建筑设计的评价是一种带有主观的有个人喜好的论述。每位评图老师都会有自己的评图进度，一筐筐的个人喜好、个人意见，有些是偏见，以及一些养成已久的小脾气。学生们一般听到的评价都是非常含糊不清、矛盾重重、轻蔑不屑、自以为是，甚至无关痛痒的。特别有趣的是评图老师之间可能还会有激烈的争执，有时候这的确会让在场的学生们都十分费解。这种老师之间的争论往往源于对学生的作品评价，但是随后会发展成范围更广的意见分歧，激烈地争论不休，甚至引发世界观上的矛盾冲突。

实际上，老师之间的争论对学生来说是非常有启发意义的，因为这些争论通常不仅仅是针对挂在墙上的那些图纸，而且是针对整个设计项目的一些启发性的讨论。

还有一些评图老师相对来说比较沉默，大部分时间都是一言不发，或者只对那些最突出的问题给予评论。评图老师之间也会因为人际关系而互有微词。有些老师十分健谈，会抓住任何机会发言，能够依靠自己的口才掌控整个评论的走向，并通过惊人的记忆力、专业的权威性，以及个人魅力，持续地接入评论谈话。另一些在建筑圈里有着极高权威和地位的人，往往很少对学生的作品表态，当然也有可能会对学生的设计作品给予十分刁钻但非常特别的评判。

另外还会有一些老师愿意针对建筑设计的某一个方面给予特别的点评。比如，场地规划、结构、节能或者形体构成等特定的设计方面，而对自己不关心的方面避而不谈。最终，学生们会了解到教员们会对哪些设计方面给予更多的关注，但想要预测老师们会作何反应就很难了。

评图之后，可能会同时受到赞许和批评，因人而异，时好时坏，

但学生们也可能依然不清楚自己到底有没有通过评审，自己收到的评语到底是肯定还是否定。学生们会很好奇，在评图过程中老师们的短暂寂静到底有何深意，评图老师在言语间强调"但是，不过"这种转折逻辑的字眼之后，紧接着的那些暧昧的溢美之词到底意味着什么。有些评图老师还会直接在学生的图纸上勾些草图来表达自己的理念。很多草图都是用墨水和彩笔直接标注，无法擦除，但也有慎重的老师会用铅笔做标注。学生们绞尽脑汁地揣测着评图老师的暗示：语气态度、面部表情、肢体语言、甚至一些无声的表达方式。评图老师们会捂着嘴巴、托着下巴、挠挠头、向前探身、站起来绕着图纸和模型仔细地注视观察。老师之间还会持续耳语或者传递纸条。他们究竟在想些什么？对学生的"判决"到底是好是坏？

困惑有的时候可能会变得更加不可捉摸。比如，当评图老师认为学生的工作室设计作业表现得很不错时，很可能学生们自己却理解成快要大难临头。也可能截然相反，学生只记住了正面的评价，不断地强化着自我感觉良好，但是紧接着就发现，实际上自己的作品在老师眼里简直就是平庸至极。

当然，评图老师对学生作品一致认可的状况并不多见，很可能是一个老师给了 A 或 B，同时另一些老师却只给到 C 或 D。但是大部分的成绩都是经过了综合考量。最终，工作室的评审会兑现成为分数，通过口头或书面的形式告知学生。

一些建筑学专业的学生和教师都会质疑，这种公开点评的教学手段，其真正价值何在。有些人会认为这种方式非常节约时间，根据评图老师数量的多少（更多的评图老师意味着需要点评的时间更长），连续的评阅四五个小时，甚至六个小时，这样的评图操作也会导致学生所遭受到的打击性评论更频繁，类似的评论也会一遍又一遍地重复着，老师们就好像是执着于一种信口开河、放纵不羁的文字游戏一样，从教员的嘴巴里没完没了地倾泻在学生的耳朵里。也有一些人认为，这种公开评图的教学方式，可能会以忽略设计本质和概念推敲质量为代价，反而过多地关注在表现方式和绘图技法上，顾此失彼。

尽管对公开评图的指责，听起来那么有理有据，但这种犹如仪式一般的评审活动还是存活了下来，因为其毕竟还是实现了教学价值和目标。它模拟了建筑实践过程的真实性，这种真实性很好地再现了建筑师向客户、政府官员和一些公共机构展示方案的过程。它帮助学生提高了自己的公众演讲素质。还强调了设计截止日期在现实运营中的重要性。它为学生们提供了一个彼此借鉴的交流平台，也让教员们能够整体把握学生们的作品水平，并且它可以促进和加强学生们的图示表达和语言表达能力。在这种生动的、思维缜密的评图过程中，必须配以条理清晰、重点突出的演讲，这对学生们的演讲和讨论来说，都是非常宝贵的实践机会。洞察深刻的评图老师会提出至关重要且发人深省的问题，挑战传统思维，并论述各种可能性，关注那些容易被忽视掉的问题，激发出新颖的、更有创造性的思维。这种讨论性的评图过程不仅可以让工作室的学生们受到启发，同时也会让评图老师收获到意外的惊喜。

无论喜欢与否，建筑评图就在那里。终期评图几乎可以称为每个设计工作室项目的仪式性大典，这是一个未来建筑师们将自己的技能、知识、创意融会贯通、综合表现的时刻。设计评审，其本身也是设计活动的庆典，表现出了建筑的艺术特质。

其他的传统和感受

你可能已经能够感受到：设计工作室的课程和评图，这些跟设计活动相关的教学在大部分的建筑学院里都占据着绝对主力的教学地位，并统领着很多其他的课程。很多情况下，设计工作室的繁重作业和新生们并不理想的时间管理，让学生们几乎无暇顾及其他的学科任务。在工作室交图评审截止日期之前，建筑史和建筑技术课程的老师会经常碰到大范围的缺勤，特别是临近每个学期的期末。老师们都很清楚在研讨课期间，学生们在课上要么是睡觉，要么就是人虽然坐着但精神早已恍惚，睁着眼睛、呼吸缓慢，坐在椅子上前后地晃悠着，左耳朵进右耳朵出。也有一种情况是，在严重缺觉之后，学生们可能稍微缓过劲来，瞬间有了一点精神头，但这种亢奋状态并不常见。

学生们也会慢慢学会如何平衡课程之间的进度冲突。工作室的老师们会经常听到这样的解释：之所以设计进度拖后，图纸内容缺东少西，是因为你不得不为结构课的考试而通宵达旦地临时抱佛脚，或者为了历史课的论文不要拖 GPA 的后腿而连续熬夜才能还清之前欠下的债。你用自己在结构课或者历史课上所遭遇的无奈来求得设计课老师的理解和同情，因为你心里十分清楚，在工作室的作业是必须按时完成，不能迟交的，所以在期末你可能不得不连续三天三夜不睡觉，这几乎成了建筑学院的常态。在评图结果悬而未决时，你还需要在其他的作业和考试上拼尽全力，多线作战；但大部分的学生在面临选择各种课程冲突的时候，都会把设计课优先放在首位。

需要尤其注意一点，如果有太多的课程进度都延期，那可能到下个学期追赶起来也会十分吃力，因为欠的债太多了。所以千万不要有拖沓的心理，一定今日事今日毕。

让人感触至深的就是，在建筑学院的生活，经常会让人筋疲力尽。疲惫综合征的变现特征就是：积极性下降、兴趣和士气消耗殆尽，甚至还可能时而闪现退学的念头。这种精疲力尽感，在大一、大二时的工作强度和节奏上体现得非常明显，并随着后面的学习压力逐渐走高，就更需要士气饱满地迎接新的挑战。无论后面几年会发生什么，任何设计项目想要保持旺盛精力和高效的研究效率都很难。即便在大一、大二这两年里，早期入学的磨难和艰辛能够带来一丝战胜自我的兴奋感和伙伴之间团结共进的士气，但是紧随其后，不断出现了新的筋疲力尽的感受都会让很多情况变得物是人非。想始终保持一丝不苟的状态，这对凡人来说太难了。

消极的情绪也会影响到同学伙伴们，特别是当朋友间的嬉闹结束以后。一个设计课题中的设计层面的神秘感会逐渐消失，这会让进度的推进看起来比之前少了几分乐趣和挑战。学生们的作业也越来越趋向于独立自主的完成设计，有一些学生还会十分怀念低年级时那种新兵训练营一样设置各种基本技能训练的日子。老师的介入也会随之减少，事实上，之所以有些人会非常怀念低年级的岁月，根本原因就在于，随着课业的升级，老师手把手指导的机会越来越少了，一些同学的课业表现会有所下降。甚至在经历了几年的学习以后，有些同学会逐渐开始意识到，建筑并非自己所擅长，竞争压力也越来越大，但能够预见到的回报却并不多。如果不能够获得出类拔萃的成绩，这些同学就会感到非常失望，但却不甘心落于人后，长此以往自然就会丧失兴趣，并去寻找新的有个人成就感的兴趣点。这些变化都会导致同样的结果：工作效率低下、玩世不恭、愤世嫉俗、消极厌学，甚至还会暂时放弃建筑学的专业课程，而将大部分精力放到其他专业上，或从此与建筑学一刀两断。

建筑学专业所需要的高强度专注度和献身精神，使得想一心多用、在几个方向上都同时开弓放箭的理想化状态几乎不可能实现。

即便是那些天资禀赋好的学生，在遇到校外环境突变导致影响了校内学业表现时，也会选择缺勤或者课程延期。暂时延迟课程进度，特别是在设计课中，这是很多学生在遇到不可调和矛盾时的稳妥选择。在建筑学院延迟毕业，这绝对不是什么丢人的事情，对于某些学生来说甚至是非常明智的。很多成功的建筑师都是要多付出几个学期才能顺利毕业。

出于经济原因，很多建筑专业的在校学生都需要半工半读。学生们可能是在建筑机构工作，也有可能是在间接和建筑业有关的领域赚学费，有的工作领域甚至与建筑业一点关系都没有。如果这些工作与学生的在校学业相比，消耗的时间相对合理，那在校外工作也不是什么大问题。比如，学生们的学业任务是一个学期 14~16 个学分，可以每周工作 8~10 个小时，这不会对学业产生什么损害。

但是如果学生们每天都有半天花在了校外工作上，一周需要至少工作 20 来个小时，甚至还有一些学生在试图从兼职转型成为全职工作，那他们是不可能在学校有什么良好表现的。很多人都曾经尝试过挑战自己的极限，但大多数最后都是以失败告终。学业所需要投入的时间和精力，尤其是在设计工作室里，会不可避免地和校外工作在时间上产生冲突。从长远来看，最好放弃这些工作带来的负担，即便可能会负债，也比让专业成绩大打折扣要明智得多。有一些合作办学的教育项目则是个例外，进入半工半读项目的学生，很多都是在建筑设计单位任职，这些在读生往往还会承担一部分对其他学生的指导工作。但是，这种合作办学的教学项目在美国并不常见。

当然了，在建筑设计工作室之外，学生们还是有校园生活的，特别是对于那些本科的学生们来说更是如此。高等教育的快乐和回报，有很大一部分是来自于课程学习以外的感受体验。建筑专业的学生也会想尽方法挤出时间，去参加校园活动和学生社团、学生会、体育活动，以及各种社会文化活动。事实上，适当的课外活动带来的体验对于将来的建筑师成才都是大有助益的。

如果不能深入地了解建筑专业的教师们，我们前面内容中所提到的这些建筑学院的传统和感受就不可能被完全领会。因此，请继续读下去，了解教授们、熟悉为我们传授建筑知识的这些人，正是他们为建筑的学术发展辛勤拾柴，将学习的火焰点燃！

5 教授和建筑师信奉什么

　　教员们决定了建筑学院的教学质量和科研方向。一个学院的教学设施、师资水平、地理位置、规模及课程设置很重要，但更重要的是学院的教授们及他们的学术信仰。教授们的共同点在于：都非常热爱教学，非常享受学术环境带给自己的激情，但是他们在兴趣、专业和个性方面可以说是差异迥然。因此，正是因为建筑学院老师们个性不同，教授的科目不同，教学方法也多种多样，导致了你在离开学校成为一名真正的建筑师之后，依然对一些老师念念不忘。

教授

学者和研究员

　　在建筑学院，大部分传统的学者都是历史学家。除了教学以外，他们还要从事研究、著述写作、为各种学术期刊撰文，并和志趣相投的学者们一起参加学术会议。他们可能会对一段特定时期和特定地点，或之前某一特定的风格运动、当前的设计理论、技术发展历史，或者某一位并不知名的独立建筑师特别感兴趣。他们能够记住人名和日期、名人名言，以及标满了脚注的论述。有些教员的教学压力并不大，对于那些能够获得足够的研究经费，足以支付他们自己薪水的人来说，工作就是专门从事学术活动和科研课题。

设计师——践行者

　　这些男男女女们，很多都是兼职教员，他们在校外致力于设计实践，并在校内的设计工作室里从事专业教学，在自己的办公室和教室之间往返穿梭。

他们的实践经验对教学活动影响深远。他们既是现实主义者，又是理想主义者，在关注着建筑可行性的同时，也关注着设计的艺术性。这些教师可能会在教学过程中传授真实世界中的设计理念和观点，但同时也鼓励学生们进行非同寻常、摆脱现实束缚的创作。他们的设计作品也经常影响着自己学生的作品。但是他们的作品也可能被那些纯理论学家出身的设计师们所鄙视。

设计师——理论学家

这些教师很少参与或者几乎不参与任何建筑创作的实践，也很少关注那些传统的设计项目。他们在课堂上，或通过写作和讲座来传授设计理论和哲学思考，这些教学内容会无视或者超越了实际工作的限制。他们特别关注那些看起来非常具有艺术创新倾向的学生。这些设计师兼理论学家的教员重点关注形体生成和创作理念，而很少关注功能、社会、技术或者建造方法的需求。

学生们的贴心人

一些教员与学生交情甚好、经常结伴而行，同情学生们的压力和困惑，同时也愿意交流问题，就像伙伴一样和学生打成一片。他们可能和学生们的年龄相仿，经常交流对问题的个人看法，并把自己的大部分时间都献给了学校，经常代表学生们诉苦，为学生们排忧解难。他们的行为经常会刺激到那些不愿意和学生们分享太多的教员们，让那些与学生们交往不多的教员们心里五味杂陈：既认为扮演学生的支持者这个角色不可取，同时也为自己对学生们考虑不周而偶感愧疚。

学生们的死对头

和贴心人相对立的自然就是学生们的死对头了，他们经常在学校里时不时地批评学生，或者让学生们偶尔难堪。

学生们可能会觉得这一类教员不够尊重别人，也很难得到学生们的信任，对这些教员们也没什么感情，因为他们刻薄无情，经常无止境地提出新的作业要求，甚至做出伤感情的事情。但是即便学生们有这些负面感受，长远看起来这些学生的死对头们在教学上发挥了不小的作用，通过他们特殊的教学方式，或许可以真正地激发起学生们内心对专业的兴趣。

年轻（或年长的）顽童

有一些教员惯于推崇改革创新，一直乐于挑战学术现状。他们可能不会遵守什么规章传统，只为了一个原因：突出自己的与众不同——有的时候也无关大雅，但有的时候阵势很大。他们会经常引起学生们的关注，并作为学生们的支持者。这些教员不一定就是激进派或者无政府主义分子。对于这些坚持求新求变、永远乐于迎接挑战的人来说，他们就像你鞋子里的小石子儿：不妨碍你走路，但存在感却极强。

平易近人的老男孩和老姑娘们

这些教员往往构成了一些小团体，而且都很有资历，他（她）目睹了并伴随着整个学术界的成长，特别乐于讲的故事就是："想当年……"。有些人可能随着年复一年的重复教学而逐渐衰老，在理念和创作上已经少有建树了。其中的一些人对自己学院的院风贡献颇多，并对学院的政策和管理有着很强的个人影响力。他们也喜欢说点八卦，但也开口闭口都三句话不离本行。相比这些逐渐两鬓斑白的老教师们，估计也只有学院的老门卫才能代表着一种永恒。

逻辑学家们

逻辑学家们非常善于处理建筑设计中的一些不确定性和主观性判断，并且能够做到条理清晰、讲解透彻。他们认可创造发明的价值，但是对没有逻辑的问讨往往没什么耐心和别人讨论下去。

对于这些教员来说，他们非常善于对项目和问题进行系统化的分析。这些人以数据推理和方法论武装自己，更偏向于采用科学家或者工程师的处事方法，而和艺术家们几乎没什么共同语言。

技术迷

建筑学院需要一些具备技术背景的教员，他们擅长组装、操作、编程、排错，以及对可持续发展的数字化技术、计算机、专业软件、打印机、绘图仪、模型机等的操作都十分拿手。技术员们不可缺少的另一个原因就是：他们在将娴熟的技术传授给学生的同时，也教授教员们如何创造性地开发和使用数字化技术。

深奥党

有一些老师很喜欢使用生僻辞藻和晦涩难懂的表达方式与学生交流。尽管他们的讲演内容的确很重要也很有学术研究深度，但他们的表达真的很难让人理解，很少有人能提起兴趣听得进去这些人讲课。这些学究们并不善于用简洁、直白的语言进行交流，而是偏好于使用丰富而复杂的句式，来表达自己丰富而复杂的思想。但很可惜，他们的表达方法和思想也未必都能关联紧密、逻辑自洽。

热情洋溢的领导者

带领整个学院前进的人包括：一位院长，各学科的教授主席或者项目主任，还有一些副手（冠名以副职、助理，或者其他一些职务名

称）。他们热情地投入在领导和管理所有建筑学院教员以及设置课程
体系的学术行政工作中。

　　他们释放出的工作激情和表现出的专注投入，可以感染并且激发
所有的师生，但是过度的热情却可能会适得其反，变成工作阻碍——
过度执着反而容易让人觉得傲慢自居。对于学生们来说，最好的领导
力释放出的激情应该是支持和保护学生们的兴趣发展。从教员们的角
度来看，一个理想的领导人对于学科的发展来说应该是保护学术自由
和确保平顺有效的学院运营。

悠然随和的领导者

这些领导人崇尚的是一种放任自由的管理策略。他们相信大部分的教员最好都能自由发挥，为个人的事业添柴加火，由个人来确定自己感兴趣的教学和研究领域，设定自己的教学标准。悠然的领导者会提供一个指导性的建议，然后非常低调又十分积极地参与到学院的日常生活中。这些领导经常把行政管理工作授权给助理、秘书、委员会和某些教员个人。

独立派

独立派是这样的一群教员，他们抗拒"如果不能打败他们，那就加入他们"这种处世哲学，而是崇尚"如果你不能打败他们，那就最好敬而远之"的为人处世理念，用以调节教员之间的互动关系。建筑学院里可能确实有一些教员在处理人际关系上并不是很擅长，甚至谈不上社交融洽。为了避免一些尴尬，这些独行侠们会尽力避免和那些合不来的同事们打交道。这种内心矛盾的根源可能是意识形态或者办公室政治因素导致的，而且这些矛盾经常和学术问题相关。教员们可能在建筑思想、教学方法、课程内容、行政方针，或者课程设置大方向上彼此态度不一。最极端的情况就是，独行侠们变得非常固执武断、不近情理。他们会从争斗中退出，并对各种矛盾持保留意见，坚定维护自己的见解主张。

高深莫测的神人

一些教授的性格十分内向，往往都比较害羞，这些性格特点在教室里或在自己亲密的伙伴面前其实并不太明显。这些人在学生和其他教员眼里难以捉摸，因为他们往往恬淡寡欲，也不是特别合群，很少表露自己的见解和感受。他们几乎不会卸下保护壳，让这些人感性展露内心真的是太难了。无论保持沉默是否合适、是否应该得到赞赏，这些教员的高深莫测既是一种自我保护也是一种明智的以守为攻。

万人敬仰的英雄

很多学院都有一位在学术造诣上闻名遐迩的教员，无论是终身教授或是访问身份，他们都会引起一片赞扬声，并被竞相仿效。

这些英雄们可能是因为自己出色的设计作品、历史学术、评论立说，或知名著述而声名鹊起。他们可能是革新者，时尚思想的领潮人，叛逆的改革家。无论因何成名，这些大神级别的教员都是学术殿堂的耀眼明星。学生们期待热盼能现场聆听这些英雄们发言，希望对自己产生影响深远的教化效果。除了敬仰和崇拜之情，几乎没有人会反对或者挑战这些权威。这些教员就是建筑教育界的偶像，直到有一天他们自己选择脱离流行圈，不再锋芒毕露。

无论教员们的性格特点、学术方向和兴趣爱好是什么，全职的教员在教室和工作室之外，依然还要投入大量的时间从事教研工作。除了在自己的课题上投入研究、撰写著述、从事创作，教员们也可能会服务于各种建筑学院和校园委员会，定期做学生辅导工作，定期参加教员会议。相比较而言，有些教员会格外负责。无论如何，如果想成为终身教授，就必须要有一长串辉煌的学术成就记录，而且必须在三个方向上都格外出色：教学、研究和实践服务。

越来越多的建筑学院依靠兼职教员来执教必修和选修课。他们的合同期限不一。即便没有大学的长期任命，大部分从事实践工作的建筑师或工程师都乐于在大学任教。他们一般除了自己的教学任务以外没有其他的学校职务，但是这些兼职教员的报酬大部分都不高，也没有任何长期雇员享受的福利。他们来到学院从事教学工作的主要驱动力就在于授课过程带来的智慧启迪，很多兼职教员实际上是非常优秀

的老师，其中很多人的教学水平和专业能力，可以说和全职的教授们
不分伯仲。

各种"主义"和"学说"

在建筑学院，只要在某位老师的课上保证足够的听课时间，你都
能最终了解到他（她）真正推崇的是哪一种类型的学术。无论老师们
本身教授的是哪一门课程，除了课程内容以外，你还能对这位老师在
哲学层面、学术动机和兴趣方向，或者他们所支持的学术运动等方面
有更深入的理解。

任何一位老师在教授某一门特定的课程时，诸如在建筑历史课或
者设计课中，都不可避免地会展示出自己的学术性和文化价值观、社
会行为模式、政治立场、经济学认知以及审美倾向。对于其中的一些
人来说，这种信念和价值观已经形成了一种非常稳定、个性化十足的
思维意识形态，并一直持续地影响着个人的教学风格，并在讲授过程
中影响着学生们。即便课程本身看起来并不受个人价值观的影响，比
如结构分析方法或者绘图技能的课程内容，但也可能会或多或少地带
有教师自身的个性化思维。所以，教师的个人影响力是非常可观的，
远远超过了教师所传达的知识和技术本身的信息量。

建筑师和建筑教育都在培育并保护着建筑意识形态，因为如果没
有对于设计的理论化研究或哲学层面的认知，是不可能创作出好的建
筑作品的。这就是建筑区别于工程或其他学科领域的特点之一。在其
他的学科中，大部分的决策都是基于那些能够被普遍接受的科学原理
和标准、量化数据、方法论，以及可计量的性状表现。

比如工程学，针对某个课题，在经过大量的问题分析后（比如，
给一个空间通风，或者制作一个更快的处理器），工程师就可以通过
设计一个系统来有效地解决现存的问题。设计效率可以通过特定的评
估标准来衡量，比如减少成本投入，最大化产出效能，降低重量，最

大的速度和强度，最少的组成部件，最低的能源消耗，最简单的装配技术。一些判断原则可以介入针对某项标准的权衡和选择中，因为工程设计需要在优点和缺点共存的矛盾中寻求平衡。大部分工程决策都是客观冷静的，不涉及创作激情的投入，性能表现的评估过程从始至终都是如此。工程师也不会依赖自己个性化的设计理念来解决实际的工程问题。

建筑师和工程师相似的地方就是，都在寻求方法来优化建筑的表现性能，类似于把建筑当做一个可以权衡利弊的问题，能够最终得到一个优化的解决方法。但不同之处在于，建筑的创作和工程的建造不一样，建筑创作很难被定义。对于任何一个给定的场地、客户、预算和功能需求，可以设计出无数的方案来满足所有的需求。实际上，无论一个人可以把建筑设计问题定义得多么精确，都会有一大堆不同但可行的设计可能性和变通方法，值得建筑师不断尝试以解决问题。问题就在于，建筑师如何决定哪一个方案才是最终的解决之法呢？创造和优化各种解决方法，这就是建筑艺术追求，而不是建筑科学范畴了，设计方法要远远多于工程手段。

环境的创造，可以提供遮风避雨的场所和人们互动的空间，但是建筑还能够影响我们的感受和情绪，建筑还融入了我们的心愿和智慧。古罗马的一位建筑师——维特鲁威，是西方文明的第一个建筑理论家，他在著述中对好的建筑有这样的定义：可以满足功能、稳固和美观的要求。

因此建筑在很长一段时间都被当做一种应用美术来解读和传授，其表达了一种有生产能力的艺术哲学、理论和含义。学习和从事建筑设计的挑战就在于，一直在不断地扩展着建筑哲学和意识形态的范围，而且这些意识形态也无所谓谁对谁错。

这些影响建筑教育和实践的建筑学院的老师和建筑师，到底传达了什么样的哲学理念呢？大部分的教育观点和教学方法都和以下的一种或者多种"主义"有关系：

- 形式主义；
- 功能主义；
- 历史主义；
- 技术；
- 解构主义；
- 象征学；
- 社会学和心理学；
- 方法论；
- 生态学；
- 可持续性；
- 地域主义和乡土主义；
- 城市化。

这些各种各样的"主义"之中没有一个是孤立存在的，每一个都可以和其他的一个或者多个相结合。列出这一长串目录的目的，是为了帮助理解老师是如何表达、怎样传授建筑知识的。同时，这些"主义"可以展现出从事实践工作的建筑师们在接受了建筑教育以后，可能会信仰什么样的建筑哲学观。

形式主义

在生物学中，形态学研究生物体的构成和形状。一个生物体的定义通常是指一个完整的集合或者是被包含和绑定的生物系统。以此类推，在建筑学里，我们所说的形体主义就是指建筑的构成造型。和自然生物体不同，建筑是人造加工而成的形体，是通过主观意愿生成的。尽管有很多外力会作用于设计师和他们的设计作品上，然而这还不足以产生所谓的正确的自然形体。因此主观意志力是设计师不可缺少的，其促使设计者们需要具备价值观和理论指导，并将其应用在建筑的形体创作中。

形式主义者通过探索和开发几何造型和视觉表达形式来创造空间、结构、表皮和建筑体量。这些建筑造型和样式可以将复杂的建筑统一为有机的整体，将建筑的所有部件设计成看起来彼此之间相互关联。这种集合或者样式的创作来源可能会非常主观，也许就是基于自然生命体的形状、重复尺寸特征的结构模组、一个比例系统、现有场地的造型和样式，或者不易被察觉到的理想化的数学关系。与之相反，一些形体主义者故意追求不统一和碎片化作为构成概念，通过将不相似的物体并列放置，而不是通过类比来追求一种统一感，他们寻求的是一种通过视觉对比带来的动态差异。

形式主义的案例非常多。16 世纪的建筑师安德里亚·帕拉迪奥设计的别墅，在平面和立面上一直都对西方建筑有着影响的深远。他的作品是利用数学比例来达到建筑体量、房间、立面和细节的和谐与视觉关联性。在元素的宽度、长度、高度上创建比例关系，这些元素包括室内空间、庭院和立面元素（柱子、壁柱、柱上楣构、檐口和山墙），比例关系贯穿在了整个设计中。文艺复兴时期的建筑师和之前的罗马建造者们，从音乐的和谐比例中发展出了精巧的比例系统，他们坚信这种比例关系是自然和谐的，那些对耳朵来说听起来非常自然和谐的关系，一定也会让眼睛看起来感到非常和谐。

模数化网格也代表着另一种常用的组织策略。现代办公建筑普遍采用这种组织方法，其模数化网格的规律可以从历史各个时期找到例证：乡镇和城市的布局、罗马营地、早期的基督教教堂，以及伊斯兰世界的马赛克构筑方法。有些网格并不是矩形的，网格系统可以是基于三角形、六边形，甚至是圆形。由贝聿铭设计的美国首都华盛顿特区的国家艺术展览馆东廊，就是全部使用了三角形网格系统，这个网格布局就是来自于博物馆基地的布局角度。

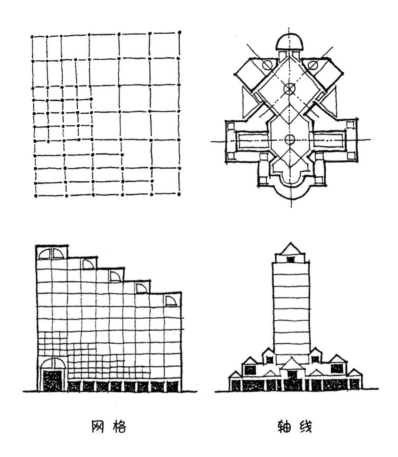

网　格　　　　　　　　　　　轴　线

　　与基于网格布局的设计手法十分相似，基于轴线布局的设计策略
使用了一个或者多个轴线进行布局，大部分都是可以观察到的对称和
横跨轴线平衡分布的元素。一条有组织的轴线布局的视觉终点，或者
沿着轴线的其他节点，可能会以合适的实体元素为标志，比如一个拱
廊、一个建筑入口、一个柱廊、一个塔楼，或者一个雕塑，这些元素
依然会是轴线对称的。托马斯·杰佛逊设计的弗吉尼亚大学的圆形大
厅，就完美地采用了轴线对称的设计手法。勒柯布西耶设计的印度昌
迪加尔的政府办公楼的不对称轴线，使用了混合网格、定量配比系统

和韵律排布的样式，生成了政府中心建筑的平面和立面。

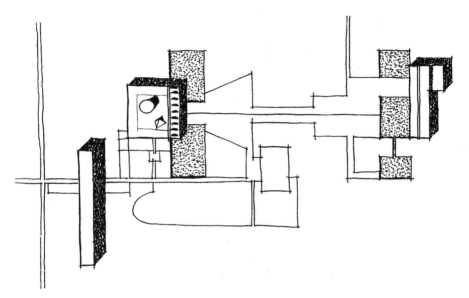

昌迪加尔总平面图，印度，综合体，勒柯布西耶设计，从左到右分别为秘书处、会议楼和最高法院

昌迪加尔建筑群展示了另一种形式原则主义的表达方式，其对很多设计师都有重要的影响：在建筑师的设计手法中，需要让几何造型实体具备可识别性。立方体、棱锥体、圆柱体、圆锥体和球体都是基本的、不能再简化的建筑形体。这些"理想化的"，或者"柏拉图"一般纯净的体量是得到普遍认同、可以通过数学来精确表达的，它们可以彼此结合或者通过无数的方法进行重组：剪切、穿透、割划成片、融合、拉伸或者扭转。这种设计策略相比其他的设计方法来说，不比其他的策略差，但也没什么突出的优点。它仅仅是构成建筑形体的一种方法。

功能主义

　　建筑学领域有相当多的建筑师和教师将功能主义视作最基本的造型决定因素。他们都是回避艺术化想象和思考的实用主义者。他们的哲学就是要让建筑能用，最高效地满足使用需求，要结构稳定，对环境有反馈，性价比高，以功能作为吸引力。功能主义能够补充形式主义，不会从一开始就有意识地去为了造型而造型地进行建筑创作。实际上，功能主义者们大都认可：如果建筑师能够让建筑成功运转发挥效用，就没有必要刻意地为了艺术效果而浪费精力，因为建筑从本质上讲，就已经具备了美感。

功能主义关注客户的项目预算、项目场地、使用者需求、气候条件和其他设计限定条件作为建筑造型的决定因素。根据场地条件、交通流线关系和空间要求、建筑规范和建造方法，将这些需求作为设计决策的出发点。设计的评判以务实为标准。风格都是由各种条件衍生出来的副产品，关于体量、空间组织、结构、材料、开窗方法和比例关系都是理性思考后的必然结果。

对于建筑学专业的学生来说，功能主义是在设计中最容易被理解和应用的建筑哲学之一。它表现出了建筑的可分析性、逻辑性、直接性，某种思考方式的延伸，以及在小学、中学和人生中各阶段经验积累促成的解决问题的能力。它和美国的实用主义思想相得益彰。它也不需要太高的抽象，也不需要依托精深的设计理论。它也是一种能够在不同项目之间借用的设计策略。

功能主义可以指导的建筑设计，小到售票厅，大到医院或者博物馆。功能主义经常被应用在现代化的设计项目中，因为它不会阻碍建筑师应用与时俱进的风格来点缀表达自己的设计创意。

但是纯粹的功能主义是有短板的，或者说会忽视建筑的非功能方面的特质——诸如：心理需求、感情需求、智慧思考、视觉表达，这些特质都很难在一张简单的功能需求列表中体现出来。建筑师可能会在设计过程中有意识地传达着这些非功能方面的特质，但可能只是偶尔有所表现，或者"事后诸葛亮"一样地等满足了功能需要以后再思考非功能方面的创作。无论创意的来源如何，这些特质都超出了功能主义的创作范围，能够让建筑的表达不仅仅局限在建筑所需的功能方面的要求。很多激情澎湃的建筑师，尽管在功能主义的倾向上并不明显，但实际上还是一个功能主义者，只是会经常在自己作品功能化的基础上，引入一些其他的美学理念。

历史主义

建筑历史也经常会为建筑设计带来启发。对历史的研究不仅仅是为了揭示过去发生的事情，更能让我们预见在将来会发生或重现什么。将历史联系到建筑创作上的方法非常多。你可以借鉴经典的构成方式，超越特定的历史时期、风格，或者地点，在现代的创作中找到合适的结合点。比如，你很欣赏帕拉迪奥对阵列和体量的探索手法，并将这种手法运用在了现代结构中，而不是去复制帕拉迪奥的具体风格主题和细节。

或者可以把历史上的建筑当做可以复制的原型应用在现代设计中。历史主义认为过去的建筑师已经设计和建造出了足够多的原型，对当今的设计选型使用来说已经绰绰有余了。今天所需要做的就是升级这些原型。自从希腊和罗马时期开始，我们几乎无时无刻不被古典时期的经典影响着，其激发着建筑历史主义的发展。强烈的怀旧情结

和对过去风格的尊崇，都促使建筑师们膜拜并仿效着自己的前辈，竭
力临摹或复制着先行者们的作品。

　　历史主义，就像形式主义，是由绝对的主观性决定的。它可以反
映出某一种品味的需求，但有的时候也能反映出一个人一点品位都没
有。它有时是一种赶时髦的流行，一种短暂的跟风，不合时宜又功能
失调，性价比也极低。但只要我们愿意借鉴，它就总能提供指导性的
解决方法。想想西方建筑风格的历史演进——希腊、罗马、哥特、罗
马风、文艺复兴、维多利亚，伴随着这些复兴的基础就是对装饰元素
的面子活儿关注得太多了。提供了这些建筑原型的历史地域主要集中

在意大利、法国、德国、荷兰、英国和葡萄牙。

历史主义认为不要去试着发明什么新奇的建筑造型，我们应该继承和改进历史造型和建筑传统，甚至是那些已经逝去的建筑价值观。历史主义者在当代建筑设计中往往是在复制过去的建筑物，或者借鉴过去的建筑造型片段，通过扭转或者构图变换，将这些过去的元素适配到新的建筑物中。

尽管建筑师经常对历史元素犹豫不定，但有时候需要复制一些历史元素，有时也会再添加一些新的元素。美国的大众确实对这些历史主义设计元素有着特别的偏好。大部分的美国住宅、家具和建筑装饰、家居用品，包括丝织物都是传统样式的，也就是美国大众有一种历史主义情结。我们一直被这种持久不衰的情结包围着，深深沉浸在这种令人敬畏的理想主义氛围中，这些历史元素有很大一部分甚至都不是美国创造的。除了机械制造的工具——飞机、汽车、计算机、手机和家用电器——现代设计并没有比历史主义元素更受欢迎。

　　历史主义者和反历史主义者在建筑学院的教员之中普遍存在。前辈们创作的历史经典案例的合理性和适用性，都促使学生们返回历史的故纸堆中，去寻求设计的解决方法，并把历史风格的主题转换到当下的设计手法中。倡导学习历史、提取元素，这种设计手法非常普遍，历史元素成了现代设计理念和构成手法的依据。这种思想认为，建造

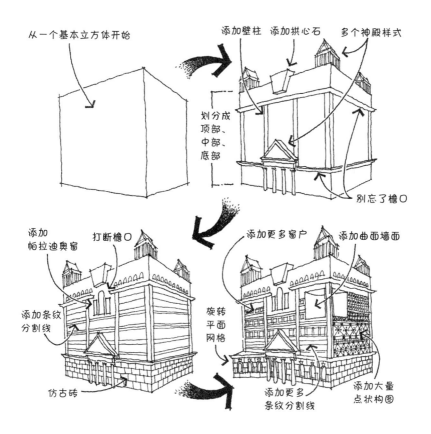

风格和历史类型都是特定历史时期的产物,因此需要进行提炼,不然与现代环境未必协调。秉持这种价值观的人,学习历史的最终目标是试图找到建筑表达的新手法,而并非完全照搬或者变换历史上的造型,对他们来说,这完全是不同时代的两码事儿。

大部分的现代建筑并不是将历史上的主题和装饰样式直接应用到新建筑中。他们的理由是:①这些元素没有什么实际价值而且造价昂贵;②当今的建造技术和过去有很大区别,特定的技术条件造就了历史建筑的造型和外观;③历史学家和复兴运动主义的建筑都是虚假的仿制品,这是对前辈建筑师的失礼和侮辱;④历史主义是根本站不住脚的,它表现出一种对当下、未来需求和设计创造的无能为力。

历史主义者反驳的理由是：应该给予建筑历史性的尊重并把经典当做参考，这并不仅仅是为了让我们能够记住逝去的时间和地点，也是为了表达对历史悠久、源远流长两千年的建筑传统的谦恭和尊重。

即便是一些设计天资平庸的人也认为，只要通过使用经典的建筑语言，自己也能设计出不算太糟糕的建筑，因此他们使用经典的建筑表达作为模板和参考原件。历史主义者喜欢檐口和三角形山墙，有凹槽的柱式和柯林斯柱顶。受抽象的形式主义催生的设计，如果忽略了历史，这种做法就显得"毫无意义"——太怪异，太投机取巧，太缺少人情味，太赤裸地照搬熟悉的装饰元素了。当然，并不是每一个建筑师或者教师都是纯粹的历史主义者或者纯粹的反历史主义者，毕竟现实太复杂，对人进行标签化的界定，往往会导致狭隘的思想。

技术

建筑师们非常痴迷于技术。我们内心深处的那个建筑师情结，就是通过摆弄机械付诸建造而激发出才智。技术并不仅仅是作为一种实现手段，技术也同时为建筑师的创造提供了审美的源泉。技术能激发和促成建筑的艺术表现，就和其他的创作源泉一样带给建筑师灵感。

但具备了技术能力的建筑师，并不意味着就是工程师。

许多设计手法都是一种直觉定性的设计，并没有牵扯到量化计算的过程，精确的计算工作实际上是由工程师来负责的。但是建筑师也会被以下的因素所触动：技艺和精准思考、建造质量和材料的相互作用、能够反映出建筑技术应用的精致的视觉表达细节。建筑表现的可能性甚至远远超过了数字化技术所能传达的内容。

建造技术囊括了很多的系统，这些系统的定义由它们在建筑活动中所扮演的角色而定。

- 结构系统——结构元素和连接构件；
- 维护系统——屋面、幕墙、隔墙；
- 机械系统——包括供热、制冷、通风系统；
- 给排水系统——分配循环水流；
- 太阳能系统；
- 电力系统；
- 照明系统——包括日光照明；
- 声控系统；
- 交通系统——楼梯、电梯、扶梯、坡道、人行道；
- 通信系统；
- 保安系统；
- 逃生系统——规避和抑制火和烟；
- 家居系统。

基于以上这些系统，设计者可以应用特殊的材料和实体构件，借助于掌握的系统原理，为客户提供技术服务，实现设计构思想要达到的艺术效果。建筑材料产业每年都会依照技术成熟度和市场调研来开发生产新产品。很多新材料都是小有改进，或者是对现有产品的升级改良版。但也有一些产品是全新的发明，当然这些产品在初期应用阶段，市场价格会比较高。

建筑师们都竭尽全力保持自己不落伍，希望有合适的机会来应用一些能够让他们的设计成果表现更优异的全新产品或改良产品。

建筑师，包括教授和建筑实践者们，特别感兴趣的创新包括新的结构系统和构件；高性能玻璃，可以组织管理水、空气和夏季太阳辐射渗透的幕墙系统和窗户；耐久防渗的屋面做法和屋面材料膜系统；更好的保温隔热材料和稳定防潮的密封填缝材料；以及改良的外立面材料——金属幕墙、砖石砌体结构、木材和复合材料。这些产品可以使建筑物漂亮整洁、持续耐用。如果没有创新材料，不但会导致包括种植屋面和节能表皮外墙在内的绿色科技难以实现、低能失效，而且建筑的碳排放量也不会有明显下降。

高性能材料、装配技术、最先进的工程系统大大有助于智能建筑的发展，同时节能、可再生能源设备对可持续发展和保证室内的健康舒适度都有极大的助益。比如，很多建造场地都适合地热交换，因此安装热泵系统使得冬天的采暖效率更高，另外通过纵式井道内的地下水来代替空调，可以在夏季提供更好的隔热制冷效能。太阳能的捕获效率会更高，最先进的光电池太阳能收集器会变得更加高效，价格也更加亲民。安装了连接计算机终端的数据采集系统，可以检测和控制建筑系统和设备，让建筑变得更加智能化。这些设备能够感应并对室内占用情况和使用状态、电能需求、水源和天然气使用情况以及气候变化做出反馈。因此在建筑中无处不在的数字化中控系统能够进一步增加营运和节能效率。有些顶级的智能化建筑，甚至能够发出比自己消耗的电能还要多的电力，并将这些产生的剩余电力出售，发送回城市供电网络中。

建筑师对开发技术的好处领悟至深，并且非常乐于应用这些新技术。最常见并被普遍使用的美学策略就是在视觉上暴露出建筑的技术原件：结构框架、构件和链接点；机械和电力系统元素——比如管道系统、水暖装置、输电线路；以及各种不同的机械装置，比如电梯。

将这些通常隐蔽在建筑内部的"内部器官"展现出来，建筑师可能会使用颜色来强调展示这些构件的特点，并且展现出构件彼此之间的功能联系。这种策略往往还能通过暴露系统原件和设备，避免隐藏这些设备所需的额外材料投入，以此来节省建筑的造价——比如吊顶所需的花费。

　　通过设计整栋建筑来揭示出建筑的建造原理，是一种很有趣也很可行的尝试。但这其实也不是什么新理念了。希腊神庙的结构框架元素、哥特教堂、美国土著印第安人的帐篷，以及体育场馆等建筑都十分鲜明地采用了这种设计手法，表达出了各自的特征。很多现代商业和文化建筑也都采用了这种设计手法。你能看到连贯的垂直管道——

电梯、楼梯、电井、结构柱——支撑着好几层的楼板、像三明治一样层次鲜明的天花板，包括了桁架、大梁、连接构件、管道系统和各种竖井，以及由预制幕墙系统包裹着的建筑体，幕墙就是一种挂接在结构上的表皮。

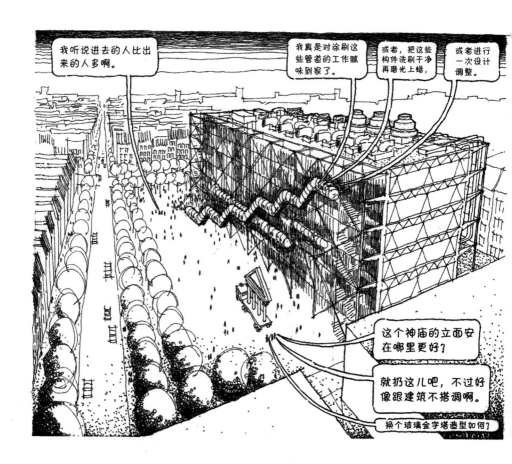

但是当建筑师把建筑像机器一样对待时，很多技术都会失控。如果对技术的执着不能很好地和其他的设计关注点做好平衡的话，这台机器可能无法满足技术说明和功能列表里的设计目标，但这些设计目

标往往都是对人们非常重要的建筑功能需求。有些时候，设计师看待的建筑就仅仅是由钢或者混凝土框架、管道网络加上水管电管，这些庞大的系统组成的服务空间。建筑并不仅仅要解决如何建造和为什么建造，伟大的建筑会超越这种浅显的建筑视角。

解构主义

在 20 世纪 80 年代，一种极富争议的、晦涩难解的建筑设计理论出现了，并且在学术界、专业领域内以及媒体上都获得了稳定的立足之地。这种思潮是从文学批判、深奥的法语写作和德国哲学家那里借鉴而来，包括大量的建筑实践者和教师都认为建筑可以并且应该被解构。这种解构理论的发展所基于的前提是，被感知到的物质和各种艺术作品的含义，更多的是基于观察者自身的体验、观点，并且和艺术家所处的环境、影响创作意图的周边条件息息相关。它进一步否定了艺术作品需要预先判定的、不可改变的结构。它主张：在艺术界，没有规则和约束，没有对与错，解读设计的可能性是无限的。

解构主义的建筑师（这种建筑师的标签被视为另一种社会规则的践行者），将这种把文艺评述理论引入到建筑学中的思潮，被视作对挑战和拒绝设计构成中惯例法则的合理化解释，无论是传统手法还是现代手法都包括在被解读的范围之内。他们的强烈愿望就是发明一种新的、独立的建筑，从艺术风格、常规设计以及建造实践中彻底解放出来。他们认为，现代环境需要一种对社会波动和缺陷的探索、接纳和颂扬。因此，解构建筑从视觉上表现出了这些特质。而且解构建筑师们非常自由地追求着个人的设计兴趣、观念和奇思妙想，非常像先锋派的画家和雕塑家，不受任何传统观念的约束。

当然，解构也很快地变成了另一种设计风格的标签。很多解构建筑看起来就好像是爆炸、粉碎或是溶蚀了一般。一些评论家把这些建筑形容为发生了火车事故以后的现场。墙面、天棚、柱子和梁可能

彼此并不是正交的。表面也可能是倾斜、曲折，或者是弯曲的。变化多样的形态体量可能会被随意的排列放置。完全不相关的元素和材料彼此冲突碰撞，融合在一起或者爆炸分裂开，就像是三维的拼贴画一样。而且它们会很容易裂缝开漏。但是因为这些设计表达出了动感的视觉效果，所以会给人以强烈的刺激，很有新闻报道的价值，因为这些设计都异常醒目、不循规蹈矩、藐视建筑传统。具有讽刺意味的是，大部分的解构建筑只能使用非常高级的 CAD 软件系统才能设计和建造出来。基于这些原因，解构思想流派对建筑学院的学生来说非

常具有吸引力，学生们往往非常痴迷于电脑生成的解构主义的数字化
模型。

象征主义

　　最有争议也一直被设计教师们推崇的建筑哲学认为，建筑就是
媒介，就像诗歌或者绘画一样，是用来传达信息的载体。设计者可以
借助于建筑来传达自己希望表达的思想理念或者内在信息。一些人认
为这是设计成就的最高水平，也是建筑的真正意义所在。对于建筑来
说，它不能仅仅是作为遮蔽体，或者只是为了促进工作效率，回报投

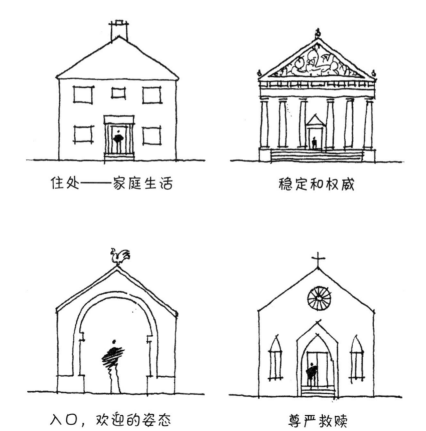

住处——家庭生活　　　　　　　　稳定和权威

入口，欢迎的姿态　　　　　　　　尊严救赎

资成本，或者仅仅是为了设计得漂亮求一个好卖相。建筑学一定要向那些和建筑产生互动的人传达出某种深刻的含义，让解读它的人能够深有感触。用法语的浪漫情调来解释，这种理念就是："建筑发声"。

建筑所能表达和象征的领域几乎可以说没有界限、无所不能。建筑可以设计得十分神秘，表达出精神上的或者神学上的思想，在这方面，哥特式教堂是非常杰出的代表。建筑可以是修辞化的，通过特定的风格、装饰和造型表达特殊的理念或者因由。比如罗马古典主义和新古典主义就是代表，它们受到了 20 世纪 30 年代欧洲共产主义者的影响，作为一种建筑风格，最佳的诠释出了人们的基本尊严，对高贵的渴望和他们各自政府以及政治理念的正确性。同样的风格，在资本主义的美国则被认为特别适合于银行、州议会大厦和首都华盛顿特区的联邦政府大楼。

隐喻建筑大量存在。一些建筑的营建目的，本身就是为了代表着另一地点的另一建筑。在早年的美国共和时期，像万神庙一样的建筑就是希腊民主的象征，这是一种借助建筑鼓舞人心的方法。建筑可以象征自然、人类和其他的活动、抗争和胜利。华盛顿纪念馆和埃菲尔铁塔是象征结构。前者在布局上紧随着一个埃及方尖碑（方尖碑一直流行了好几个世纪），表面上看，这是为了纪念一位伟人，但实际上这是象征着一个国家。后者，表达了工程领域的伟大成就，已经成为世界公认的巴黎城的标志。埃罗·沙里宁的肯尼迪杜勒斯机场的航站楼象征着飞翔的姿态。圣地亚哥·卡拉特拉瓦的贝壳状的西班牙特纳利夫（Tenerife）礼堂就是一个巨大的波浪型。

建筑通过象征化的联想可以让观察者产生精神反馈。它们可以通过模仿鸟巢或者子宫的造型——亲密、舒适、人体尺度、温柔松软，让我们获得安全感。它们可以通过象征巨大、宏伟、沉重、坚实、压倒性的震撼，让我们觉得自己渺小而谦卑。建筑可以赋予智慧和幽默感，很多建筑都有这样的展示秀，或者它们也可以是启示性的，类似于很多解构主义的建筑结构。象征主义所传达的形式，通常都是使用历史的映射和对建筑参照的表达手法。这一类建筑可以说是："毫无疑问，我绝对是一个新建筑，但是因为大部分的现代建筑都如此乏味，我就为你提供一种建筑主题元素的变形体，从和你联系较少的历史元素开始，直到和你有更多联系的设计元素：这里一个爱奥尼亚柱式，那里一个鸡蛋和飞镖的造型，多层上下推拉窗。"类似于历史主义，这种手法崇拜那些源自于历史的传统，但是仅仅使用这些历史元素的象征意义，绝不是复制和照搬原型。

许多反对传统的现代运动，都以自身的表达方式，创作了大量具有象征性色彩的建筑作品，即便很多人认为它并不具备很强的象征意义。第一次世界大战以后，欧洲的建筑师们以及随后的美国建筑师们认为，新建筑需要表达一种精神和价值，以展现建筑师们心目中的新时代。这个新时代通过新社会和政治秩序（主要是社会主义和民主主义）、新技术和机器、新经济状况而得以彰显。对这些建筑师来说，这就意味着：需要新的、史无前例的建筑功能和建筑类型，以及更大体量的建筑才能表达。通过建筑表达出人们对新时代的远景期待，这个逻辑既然解释得通，其兴起也就不可避免了。

为了实现这样的愿景，现代主义建筑师摒弃了传统的创作主题，而寻找一种新的符号语言。需要符合机械化时代，但同时也是扩大个人自由的时代。建筑变得缺少装饰，在细节上也是朴实无华的精简，造型上更加简洁，在外观表达上也更加系统化。还有一些人，探索新的建筑材料和建造方法，在造型上趋向于更加生机勃勃和复杂精密的视觉效果，一些能够象征自由的建筑手法在对新时代的展现中大放异彩。历史风格看起来已经没有什么实质用途了。新的象征主义以功能主义和技术引领先河：建筑必须要从外观上看起来就能够知晓它的构造和用途，表达出该建筑的功能和建造模式。

现在的现代主义并不是反叛运动，也不是一个特定的风格样式。它仅仅是把建筑进行了分类，这种分类就是不会再去复制历史建筑或者风格主题。大部分的建筑师和建筑教授都是现代主义者，他们认为建筑采用的表达理念和应用的象征手法应该在任何地点都可以被大众理解和欣赏。

社会学和心理学

大部分的美国大学都提供社会学的导论课程，很多建筑学院都建议学生们选修这些课程。毕竟，建筑师所设计的环境是服务于人的，他们应该或多或少的了解人的心理动机和行为特点。并且,对于人类行为的探索和知识的积累都在一直不断地增加着。

正是因为关注到了这一点,一些建筑学的教育家们就借鉴了一部分社会学和心理学,来尝试融合在自己的设计课教学中。除了20世纪六七十年代,设计课教师或建筑专业学生的主流研究课题或兴趣并不过多关注对人类行为的研究。

但是,建筑学的一个主要目的就是关注人类的活动并对人们的需求做出反馈,所以建筑师就会经常思考在设计的空间中,使用者如何感受和行动,尽管他们的研究有时局限于自己的理解和观察。对于特定人群的设计,诸如老人、幼儿、视觉听觉障碍人群、有学习障碍的人群、住院病人、流浪人群、服刑人员——都需要对空间使用者的特点进行特别的研究。今天的建筑师能够为这些特定人群设计出更加适宜的设施,多亏了多年来对个体和群体的行为进行研究,从而能够获得广阔的信息储备和知识积累。

很多年以前，国会通过了《美国残疾人法案》（ADA），人们终于意识到：对于那些身体有残疾的人们来说，建筑障碍的存在使他们的行动、视觉、听觉范围都会受到限制。立法是基于对社会的长期研究和来自残疾人群的呼吁，建筑师们也由此了解到：对坐轮椅的人来说，很多公共建筑环境都或多或少给他们带来不便。ADA 当今的目标、要求和设计技术对于建筑师们来说都是非常熟悉的法律条例、建筑规范或者其他的应用标准。由此衍生出一个影响更加深远的理念，这就是通用性设计，其目的是让任何地点对于任何人来说都具有可达性。

老年人当然非常在乎可达性。但是社会学家们会告诉你，老年人也十分在乎他们自己的住处和周边环境，他们希望周边环境可以充满了成长过程中留下的纪念品、家具和个人用品。老年住户喜欢坐着眺望远方，喜欢观看周边邻居的行动或者毗邻街道的活动。而且，老年人对温度也非常敏感，并不像年轻人那样对温度变化、气流波动和湿度调节的适应能力那么强。对于设计老年住宅的建筑师来说，这些因素都提示了，在一栋老年公寓里，要具备足够的墙面摆放家具和挂饰空间，明亮的大窗户提供足够的光照，便于人们眺望窗外的景色，高性能的保温隔热玻璃可以降低热损耗、屏蔽气流，以提供舒适的热感环境。老年人的要求一直如此，没有改变，建筑师必须要经常在这些潜在的矛盾需求中寻求平衡，最终做出主观判断：关于几何造型、比例、材料和细节的确认。

对于社会和心理方面的研究也有利于处理感知、刺激与反馈之间的关系，这样可以对建筑设计决策提供参考建议。比如，很多建筑师依赖于个人审美口味或者追求流行趋势来选择配色。但是有些建筑师会换位思考，知道某些颜色会引发特定的刺激和反应，因此会具体问题具体分析。噪声、照明强度和热舒适度越来越被人们重视，同时也影响着办公建筑、住宅、博物馆、学校、教堂和工厂的设计。隐私的需要也影响着工作场所、医院和住宅的设计。此外，建筑师依然需要在各种客观冲突、主观审美之间做平衡。

方法论

有一些老师将方法论的传授作为教学目标。他们关注一个建筑师如何设计，而不是设计的东西是什么。忠于方法论的建筑师和教师特别专注于对过程和管理控制的研究。方法论可以与设计、计算机辅助设计 (CAD)、行政、项目管理、财政和商业发展有关。

使用分析图、工作进度表、目录索引、图示和数据分析，方法论学者们非常痴迷于决策论、数字建模和仿真、成本会计、工程经济学、市场学和人事管理。通过掌控流程，保证工作得以按部就班地推进，他们认为，按照方法论，作品的品质会自动提升，工作效率和成本控制自然就会实现。改进的方法带来了改进的作品。

融合了其他思想理念和意愿，方法论帮助我们处理建筑的不确定性和复杂性。但是，与任何学科和理论一样，过度地强调"如何"而不是强调"为何"，会导致设计结果差强人意。无论我们处理建筑的切入点多么理性化，我们仍然需要思考的投入和灵感的鼓舞，这些都源自于人类内心和个人兴趣的推动力，这种力量的介入会随着时间、地点和环境而改变。

生态学

作为生活在自然环境中的一分子，我们经常将自己放在与自然的对立面上，耳熟能详的话都是警示性的：人类破坏自然，人类破坏海洋，威胁各种生存基础，或者是不要再欺骗我们的大自然母亲了。正是自然的力量提供给了我们遮风避雨的场所，因此，建筑师们非常关心自己的设计与大自然的关系，有时候会使用自然本身作为建筑造型的生成理念。

建筑是在多种生态系统中存在。地球表面的大气层包含了油气、水蒸气和粒子。气候，包括空气、风、气压、降水、温度、湿度等，这些都是太阳和地球上的生态系统互相作用所产生的自然结果。水圈包括了大洋、海水、湖泊、溪流和在地表上、下的蓄水层。岩石圈是地球的地壳，包括了土壤、矿藏和地表上、下的岩层。遍布其中的是生物圈，包括地球上每一片土地里的动物和植物群落。

但是，大自然的元素并不会告诉我们如何设计建筑作品，直到人类真正地参与其中。人类的这种介入会导致两种极端。一种极端就是将整个建筑融合进大自然中，与周边的景观，特别是房屋建设用地合为一体。这种建筑使得造型与基地的特点产生了共鸣。这种类型的案例几乎遍布全球各地。除了南极洲以外，其他大陆上都可以看到土生土长的居住类建筑，分布在北美大草原上、欧亚大草原上、沙漠戈壁上、山地丘陵间、悬崖峭壁边、森林或者是地下。这些建筑与大地和它们所处的环境之间几乎是不可分割的。

尊重自然的建筑师们不仅表达出了对生态的尊重，而且在实体设计上也会就地选取特殊的地理线索，用以生成建筑的造型。这些设计，通过地形地貌和气候条件来塑形，并使用本地化的材料和当地的生物形态。保护树木被放在优先考虑的因素中，土方开挖尽可能最小化，避免干扰河水的自然径流，并采用太阳和风来调节建造环境。

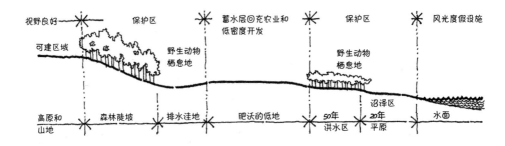

另一个极端就是，建筑与所处的环境产生了强烈的反差，不考虑任何的环境融入因素。建筑和场地平起平坐，并不考虑谁是谁的附庸体，彼此视对方为完全的对立体而不做出任何的妥协。完全不考虑隐藏自身和表现得低调隐蔽。这种建筑通常都作为统领建筑体，作为地标来展示出文明就是可以驯化自然。印度阿格拉市（Agra）的泰姬玛哈尔陵（Taj Mahal）；意大利维琴察市（Vicenza）的圆形别墅（Villa Rotunda），以及北弗吉尼亚的杜勒斯机场（Dulles Airport）就是这种极端类型的代表建筑。

可持续性

　　无论建筑与其基地融合为一体，还是统帅全局，另一种生态学的观点——建筑的可持续性，推动着建筑师和教育工作者们。可持续的设计和建造意味着消耗更少的自然资源。使用可再生和可回收的建筑材料；回收和循环利用水，包括雨水和废水；并达到优化能源效率的

目的，以降低建筑的碳排放。可持续建筑的最终目标就是让建筑对地球气候和自然环境的影响最小化。毋庸置疑，可持续性、功能主义和技术流派之间是相互关联的。

　　建筑需要的投入巨大，包括建筑材料、消耗能源以及建设和运营所需要的资金。从土地中挖掘汲取、加工处理、生产制造、运输、安装，直到完工，需要维持建造项目的每一个建设环节，从道路到屋顶，都有环境保护的投入。因此，建筑师们通过评估造价，尽可能降低一个设计的资金投入，也为加强地球母亲的生态健康贡献良多。对于许多建筑师和建筑学教授来说，可持续设计一直都是自己在职业道德和实践原则上的基础。

许多建筑学院都提供可持续发展课程和相关的设计工作室，它们都是将可持续发展作为研究的主题。一些学院还会拨出款项用于可持续性的研究。实际上，你在建筑学院遇到的很多老师都是坚定的绿色建筑拥护者。建筑的可持续性设计会成为一种自然定式和常态化，这样的建筑设计才更能被接受：不但结构合理、防水防潮，还对自然环境表现友好。

地域主义和乡土主义

建筑学的教授和建筑设计的实践者们长久以来都对多元文化和世界各地的居民所使用的住宅和建筑结构兴趣浓厚，这些强烈的地域化特征都不曾因有专业设计师的介入而有所改变。建筑师们怀着钦佩崇拜的心情研究古代和现代的建筑造型如何演进和影响，并从文化传统、人类学的角度和自然条件（区域的地理、气候、地质、植物、农业）等方面探索造型的生成特点。因此地域性的乡土建筑能够表现出原生的、古朴的、美学表达丰富的、结构体系精湛的特质。

无论地域性的乡土建筑表现如何，探索和理解这种乡土特点可以为在地域内设计新的建筑提供不可缺少的宝贵经验：原著居民如何生活和界定功能，具有怎样的信仰和愿望，如何有效地利用有限的资源，这些自然和人造环境如何进行可持续性的互动联络，以及有着怎样独特的建筑表达逻辑和语汇来界定某一特定地域的乡土传统。这就是为什么有如此多的建筑师和建筑专业师生去旅行：他们去探索、记录和采集灵感，不仅仅涉及建筑遗址，还有土生土长的建筑造型，这些旅行遍布美洲、欧洲、非洲、中东和亚洲。

城市化

在城市和郊区，以及在新城市化区域和开发中的区域，大量的其他外力共同作用产生的环境主义或者可持续发展的哲学理念，都不足以应对设计任务和城市增长所牵涉出的新问题。因此，城市化囊括了广泛的设计目标和执行原则，用于处理城市构造、建筑和公共空间的设计和再设计过程。被很多建筑师（其中很多人都精专于城市规划和城市设计）所认同的城市化的基本概念是：好的城市、好的街区、好的城市空间，共同构成了好建筑的最终表现形式。

城市化的支持者们认为，大城镇和城市是生活的活跃场所和商贸核心，囊括了管理、居住、文化活动、教育、休闲、娱乐和生产的核心。一个设计良好的城市环境可以促进各行各业人群的互动；提供多种多样的交通运输模式；拥有种类繁多的建筑类型，有些是市政和纪念性的，有些是依存于城市中的偏僻之处；有着各种住宅类型混合搭

配的相似的街区；有着各种级别的道路网，从宽阔的大路干道到巷道小径，之间时而穿插着公共广场和公园；都是适宜步行的。住宅类型琳琅满目，房屋大小、设计风格、地理位置和地价房价，都是都市化的明显标志，这要比近郊和远郊的分布密度大得多。好的都市化混合着住宅、商贸、文化和休闲功能，而不是将这些功能生硬地分割在城市的不同行政区域范围里。

身为城市规划专家的建筑师们，尽管对美国 18 世纪和 19 世纪时城镇模式的优点十分称赞，但也认同欧洲的城市和城镇都是经典案例，比如巴黎、罗马、阿姆斯特丹的步行交通系统非常友善：宽阔的林荫大道；连拱廊、城市广场和公共花园；静谧、狭窄的街巷和人行道；庄严的老建筑（教堂、市政厅、供电场所、博物馆以及富丽堂皇、精致唯美的住宅），其中的很多建筑在城市构造中起到视觉地标的作用；比例恰当的庭院，在建筑内部和建筑之间穿插着繁忙的步行活动，比如购物和餐饮；有节奏韵律的拱廊、柱廊街道和广场，经常整齐划一的建筑材料色调，既能保证个体结构在视觉上千变万化，又能带来统一、和谐的平衡。它们都是步行、自行车和机动车和谐共存的代表。

城市规划专家们对很多郊区习俗和大都市的无序扩张蔓延给予了谴责，比如视觉上形态不明、不和谐，过分地依赖私家车而缺少公共交通，过于功能单一化的区域，社会关系的疏远和隔绝，缺少场所或者社区感。这种无序蔓延和扩张的特点包括了拥挤，高速公路附近成为缺少商业吸引力的消极区域，街道细分过大，没有规律可循，让人没有方向感的迂回的路网系统。持批判意见的规划专家经常谴责：那些注重和谐的传统规划和城市设计法则，尽管还没有完全被抛弃，但也已经丧失殆尽。大部分的美国城市区划法依然倾向于这种现代主义，空想乌托邦式的城市规划理念，这些思想是在 20 世纪 20 年代和 70 年代占据着主导地位。在那段时期里，特别是"二战"以后，主

流的城市设计理论导致了用严格的土地使用规范来划分城区，使用高速公路将一块块被隔离开的飞地连接在一起，低密度的土地利用遍布各大城市区域。

　　最近几十年的都市化，与历史上的保存运动非常类似，一直让很多建筑师都十分敏感，直接影响着他们如何设计城市里的建筑。在20世纪70年代以前，大部分的建筑师都受到了这样的教育：设计的建筑都是建筑师随心所欲，是一个独立思想下营运而生的物体形态，大都忽略了所在用地的城市环境关系。建筑造型只是受限于项目预算和功能需要、地区规范、可行的建造技术和客户的需求。在视觉上：尺寸、尺度、几何形态、建筑材料和建筑周边的细节顶多也只能排在次要的考虑范畴内。但是建筑师开始领会到了周边环境的重要性，无论是相似性的类比还是差异性的对比。当然了，如果建筑师完完全全地照搬周边的建筑，那对文脉主义的强调又过犹不及了，复制模板并不一定都是好的。和谐共存、恰到好处才最合适。

　　为城市主义添柴加火的是浪漫主义和怀旧情结，这是一种过去的理想主义色彩，那些倡导城市化的人同时也会倡导历史主义。但是大部分的建筑师和城市设计师都认为，现代城市和郊区的很多方面都设计得很糟糕，而且通常都是功能失调，在 20 世纪的发展过程中，很多事物的价值都伴随着盲目的城市化而丧失殆尽了。如果不排斥技术、私家车或者经济的现实需求，城市主义者拥护的原则是：必须加强美国城市和周边区域的活力、居住的适宜性和可持续发展。有一部分倡议是出于人道主义目的，很多其他国家的设计师十分关注，如何通过设计手段来提高居住的品质，特别是那些受到自然灾害破坏，经历经济萎靡或者遭受战争创伤的地区。世界各地都有设计师投入到规划和建造有生命力的避难营的过程中，这些场所使用临时的、低技术

含量的居所，诸如帐篷或者披棚的小屋，或者致力于建造永久性使用但投资并不昂贵的预制住宅。

实践中的城市主义，在城市设计方法理论和城市发展两个方面都受到了先进信息技术的积极影响，这些技术可以收集、处理并反馈大量的信息，这些信息涉及城市形态、系统和建筑等诸多方面。

地理信息系统（GIS）使得精细的大都市区域的地图绘制得以实现，可以图形化地对城市进行分层显示：当前的环境情况、动态的增长趋势（包括地形、地质、水文、人口统计、社会学、经济学、气候、建筑、历史和文化等方面），这些信息对于规划师和建筑师来说有着非常宝贵的价值。"智能城市"的理念不但预示着我们可以接触

到更多的信息，并且可以促生有创造力的解决方法，更有前瞻力地管理城市环境和系统。通过广泛的设备部署，今天的数字化传感器可以观察、检测和实时控制很多城市运营系统，包括：控制公共运输网络并疏导交通以解决阻塞；控制电力分布和消耗以更好地节约能源；控制输水系统和排水系统以防止洪水和污染。让城市区域都能达到绿色环保，这和设计一栋绿色建筑同样重要。

　　诸位读者也要仔细思考分析，这些教授和建筑师所倡导的思想理念对自己的影响。如果你依然坚定地希望成为一名建筑师，我会在下一章帮助你，从如何选择学校到如何选择教授。

6 建筑学院：选择与被选择

对建筑学院课程和教授的大致介绍，可以对人有很多层面的启发。第一个问题就是：我们怎样选择建筑学院，怎样获得录取，如何准备学习呢？

为建筑学院做准备

无论建筑学院项目看起来有多么吸引人，大部分的学校都需要类似的学术潜力、知识和能力，诸如：绘画和制图能力；在艺术或者设计上的创造天赋；在基础数学能力上表现出天资（代数、三角学、几何、初级微积分）；自然科学，特别是物理和生态学；计算机技能；在阅读、写作和口头表达上的语言能力；以及对一些文化知识的兴趣和悟性。

无论是通过课程学习还是课外学习，任何在二维或者三维艺术上的尝试体验都会对建筑师的培养有诸多益处。和大众的理解不太一样，高中或职业技术学校的那些机械制图并不是建筑学所要求的图形化能力所看重的，机械制图和建筑学还是有差别的。事实上，如果制图课程导致了"机械化"的思维逻辑，过分强调这种画图技能，反而对形成建筑思维是有阻碍的，建筑学关注的是视觉表达、徒手草绘以及创造性地处理图形构成。

徒手素描的经验和能力比在建筑学院一开始学习的图纸绘制更有价值。绘画课、绘图课或者雕塑课，以及其他注重形体表达描绘和空间感训练的课程，都要比图纸绘制或者机械制图更有训练价值。在视觉艺术中的经验，无论是抽象的还是具象的，无论是以创造为目的或者以应用为目的，培养视觉思维能力对于成为建筑师来说都是至关重要的。

视觉思维和敏感度也可以通过观看和解读建筑来逐渐培养。很多人都投入了大量的时间去旅游和亲身感受建筑和城市，在经历的过程中体会、思考着，这有助于他们的个人成长。你并不需要长途跋涉的旅行，因为你每天都在和建筑打交道，无论你在哪里。已经有成千上万的建筑著作出版发行，设计师也经常成为杂志、报纸、期刊、博客和建筑专题网站的报道主题。

因为建筑学是文化历史不可分割的组成部分，和人类活动息息相关，所以，人文科学的学习可以为接受建筑学教育提供非常宝贵的阅历。历史课、文学课、写作课和外语课特别重要。这些课程都可以培养和磨练观察、分析、表达能力，这些对于建筑师来说都是非常重要的基本能力。即使是音乐，对建筑学也非常重要，对于文艺复兴时期的建筑师来说，音乐就是数学的艺术，就是和谐的规律和建筑构成的协调运用。

除了人文科学，导论课程和对社会科学的知识汲取，诸如经济学、社会学、心理学和人类学，这些学科与建筑师的养成教育也关联紧密。对包括人文科学和社会科学在内的多种学科知识的综合，在建筑学院的学习中可以说是常态。但是相比较设计课来说，其所占的比重是比较有限的，所以最明智的方法就是在开始长达三四年的建筑学课程的学习之前，需要有目的地涉猎上述相关学科。

在进入建筑学院学习之前，如果有机会参观建筑事务所，与真正的建筑师面对面地交谈，了解他们的建筑实践内容，也非常重要。

你会有非常直观的体验，感受到建筑师的工作环境是怎样的，他们不停歇地工作，到底都在做些什么，以及他们设计的项目类型会有什么特点。很多建筑师都会乐于为你所选的专业、学校提些建议，并可能推荐你去一些其他的事务所参观，甚至还会为你的人生发展提供参考。

择校

这可是人生的重大决定。你一定要在择校上考虑很多因素；随后，如果你被若干学校录取了，还要考虑到底该去哪一所学校就读。首先第一步，就是登录 NAAB 的官方网站仔细查阅有美国建筑学教育认证的名单，然后再针对感兴趣的学校仔细研究。择校时，自始至终都要记住以下原则。

地理位置

学校在哪里？在城市还是郊区，城镇还是乡村？学校的地理位置至关重要，因为其决定了学校的环境和与宏观大世界的关系。位于城市里的学校可以很好地参与各种文化活动，并且学校自身就可以变成都市文化资源的一部分。

城市里的学校，一出大门口，就是城市设计的实验室。他们可以直接融入城市设计问题的思考中，甚至可以影响城市政策并帮助解决真正的城市问题。城市里的学校可以方便地利用城市资源，邀请同城的名人来学校授课、讲座，或者评估设计作业。加州大学伯克利分校、盐湖城的犹他州大学、休斯敦的莱斯大学，华盛顿大学的圣特路易斯分校、波士顿剑桥的哈佛大学和麻省理工学院，纽黑文的耶鲁大学、

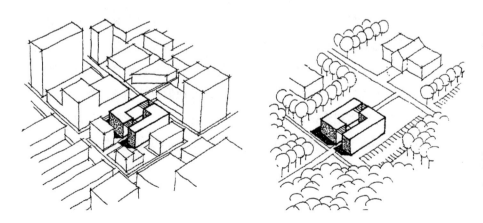

在城市环境中的建筑学院，或者在郊区环境中。

费城的宾夕法尼亚大学、纽约城的哥伦比亚大学，都是和城市有紧密联系的基于城市地理特点的大学。

另一些坐落在郊区，远离城市的校园，大都是在大学城，比如在夏洛茨维尔的弗吉尼亚大学、伊萨卡的康奈尔大学、密歇根大学安娜堡分校。在这种环境里的学生，所受到的校外干扰非常小。尽管远离大都市，但并不一定就不好。在郊区和远郊的学校可以带着活力参与到城市设计中，寻求问题的解决方法，但是他们在利用城市资源这方面还是有些鞭长莫及。在城市之内或在城市之外学习的最大差异就在于课外生活的质量截然不同。相比于大学城来说，波士顿、纽约、旧金山、芝加哥有更多的电影院、表演艺术现场、博物馆、餐厅、俱乐部、购物场所、书店、图书馆和其他的同城院校。

专业

哪一个专业才是最适合自己的呢？你计划在本科阶段或者研究生阶段学习建筑学专业吗？你是否在大一就坚信不疑地认定建筑学就是你的专业归宿，这需要早下决定。你是不是愿意开始进行长达五年的、专业化的建筑学学士学位的课程学习，追求这种最直接也最节省时间的专业学位道路。但是这种选择的课程强度非常大，也几乎没有什么通识教育和选修课。

更稳妥的选择是先修一个四年的理学或者文学学士，再学几门建筑学专业课，然后通过两到三年的研究生学习获得建筑学硕士学位。这样的选择会时间更长，而且花费更多，但是自由度也更大，可以有更多的选修课，探索其他的学科领域，不用浪费什么时间来转专业，还可以拿出一部分时间在本科和研究生的过渡期去从事一些实践工作。

回答这些问题要基于你的教育背景、年龄、经济来源、工作阅历，以及其他与专业无关的因素。但是，需要牢记在心的是一个非常现实的问题：有些就业是会有学历高低要求的，大部分的研究生学历的建筑师，所取得的硕士学位是他们的第一个专业学位。这在找工作和获得更高薪酬方面会大有裨益的，特别是作为政府公务员，拥有硕士学位绝对要比只有一个学士学位的同僚们在仕途上更有优势。

如果你是从研究生阶段开始学习建筑专业，要考虑一下建筑学硕士学位课程安排的结构和学期时间。翻开日历数数看，项目要求多少年（确认算上所有的学期）。为期三年的项目可能需要至少两个暑期的工作室课程，因为有建筑学位认证的项目通常都需要七八个学期才能完成（译者注：美国大学教学有暑期学期，也可以选修课程，用来攒足毕业要求的学分）。对那些声明说即便没有建筑学的学科背景，也可以在三年内获得建筑学硕士学位的学校，你需要谨慎选择。如果项目还要求论文答辩，大部分的研究生项目很可能就需要将近四年的时间才能完成。

声望

学校的名声还是很重要的。学校所获得的业内声望，无论是不是名至实归，这些声望都会在某种程度上影响入学的学生。

虽然声望与很多因素相关，但大部分都和学术有关。当人们想到一些大学，比如哈佛、耶鲁、普林斯顿、加州理工、哥伦比亚、康奈尔以及麻省理工的时候，都是把这些学校作为学术翘楚，有着最好的生源和师资，很高的录取评测标准，肥得流油的捐赠款，以及名声显赫的校友会。但是大部分大学下属的学院、系或者专业自身的声望都会超过其大学本身，并不依赖于大学的整体声望。这在公立大学里面更加明显，某些大学会在某些特殊领域优势明显。非学术的声望都与其他特点相关，是小是大，是个人的还是非个人的，社交导向（社交、兄弟会、姐妹会），或者田园风格，这些声望都是独立于严肃的学术声望之外。比如说，一个大学虽然可能会以社交聚会而闻名，但是也会有很多非常杰出的学术院系。

以学校的声望来作为择校的风险在于，建筑学院的声望可能并不是那么为人所信服。建筑学院在教员上的流动性是很大的，在课程设置上也经常是小修小补，周期性地调整教学目标和设计教学方法。如果一个建筑学院的名望是主要依赖于一两个核心的教授，并靠这种声望来吸引生源，那么这一两个核心教授的离职可能对于学院来说就是致命的。也可能某位院长或教员调整了新的教学方向，对于大部分学生来说并不适合。原因林林总总，导致了在非常好的大学里，建筑学科项目的发展历史在质量上可能会大起大落，甚至每年都会有很大的差异。因此准备入学的学生一定要确定，大学和其下属的建筑学院的名望是要能够反映出现在的真实情况，这样的名望在择校中才有参考意义。

很多州立大学下属的建筑学院都有一流的教员团队、顶级的学术项目、优秀的资源和硬件设施。这些学校经常被一些肤浅而缺乏学术深度的机构忽视而给予了不公允的评价（诸如每年都会发布的美国新闻与世界报道，相关内容可以看后面的注释），这些学术项目可能不仅仅是在学费上经济划算，而且它们还培养出才智卓越、领导业界的研究生。想单凭一个常青藤学校的学位就变成一个优秀的建筑师，这样的日子早已一去不复返了。

最终你如愿以偿地成了一名研究生，成了其校友会人脉资源网中的终身成员。这种校友资源会因学校不同而有差异。比如，耶鲁大学相对于州立大学来说，有成就的学生比例数量会更大。因此，一名耶鲁毕业生，即便是成绩平平，也更容易获得成功，因为他（她）属于耶鲁大学这个社交网络，而且很多人和组织都对出身、文凭和关系网络看得更重，这也是人之常情。然而，你一定要获取到比人脉和声望更多的渠道来思考择校，你要竭尽全力获得第一手的最新信息。

资源

　　学校是否有非常强有力的有形资产整合能力，包括：足够的资金招募优秀的教员、开展运营，教室和工作室的教学空间，图书馆、数字化设施以及教学设备等。这是运作一所优秀的建筑学院所必备的资源。

　　这些问题都是NAAB在认证建筑学院时所关注的重点，也是择校的学生在选择过程中需要考虑的问题。你可以在仔细浏览学校的官方网站时找到这些问题的答案，但是你最好还是能够直接到访学校，和学院的院长、教授、录取办公室的主任、教员以及学生做深入的沟通。需要了解师生比例，特别是在设计工作室课程中的比例。最理想的比例是，每个设计工作室教授负责的学生数不要超过16名，12名～15名学生是令人比较满意的分配，10名~12名是很理想的，如果不到10名学生，那真的可以称得上是奢侈了，超过16名学生就可能超标了，除非工作室有配备研究生助教。

　　是否有足够的后勤服务人员，包括行政员工、图书管理员、IT专家、设备管理员、研究生助教等，来支持项目的顺利运作？人员短缺会严重影响建筑学科项目的管理。除非在网络上可以获取足够的学术资源信息，不然建筑学院内部图书馆的完善还是非常重要的。询问在读的学生们关于学校视听设备中的幻灯片、电子图片以及视频的存量，这对任何一个建筑学项目的质量评估都非常重要。

　　看看你即将投入大量时间去学习和生活的周边环境。是否有足够的空间安放桌子、布置展览、供集体观摩？除了设计工作室之外，还得需要有足够的空间用于举行研讨会和设计评图，别忘了关注一下进行讲座、放映，或者视频展示的报告厅。学院是否有附属的公共展览馆？是否有足够的会议室和办公室满足教员和职员的工作需要？还要注意光照和声学环境是否能够满足使用需要。得有足够的空间来放置性能良好的激光切割机和3D打印机用于制作实体模型，摄影工作室有合适的光照用于拍摄模型，数字打印机用于大幅面的彩色出图，用于复制图纸和其他文件的复印机，用于测试建筑材料和结构组件的实验室，以及有足够的储藏空间用于收藏学生作业。

只有实地到访才能真正获得这些资源的确切情况。设施会因学校而异，但是以上所述的这些资源都必须具备，或者以合理的形式呈现。很多建筑学院都有位于校园内的自己相对独立的建筑馆，也有的是嵌在相对缺少独立性的大型建筑物中，或者是以前大学保留下来的老建筑中。后者的建筑环境有时候看起来不那么吸引人，但有年月的建筑也并不一定是老态龙钟的样子。

花销

教育的花销一直很高，很少有人会大大咧咧地不把学费纳入择校的考虑因素。支付了高昂的学费，就期许得到高质量的教育和含金量高的文凭，但这笔投资很可能是失败的。在教育投入上增加两倍，可并不代表就一定会得到双倍的回报。因此每一位学生和家长都要仔细地评估教育支出的收益，包括在大学校园之外也可能获得的教育机会。如果你想成为一名建筑师，在现代社会，除了参加建筑学院的学习以外，几乎别无选择，但也有值得一试的其他可能性。美国大学分为公立和私立。州立的公立大学质量一直在稳步地提升，尽管公立大学在缩减经费，并且会面临周期性的经济衰退带来的资金压力。虽然学费一直在增长，总体来说公立大学没有生源下降的压力，部分原因是私立大学的学费增长速度更快，依然比州立大学要高很多。

学生群体

你想象中的进入建筑学院学习的学生是什么样，以及他们又会是什么类型的学生？从理论上来说，就读的学生应该是社会属性和经济背景都有差异，多样性很强；同时生源来自天南海北，从美国不同的城市、地区和州相聚到一起，更有来自各个国家的留学生让文化更加多元丰富。千万不要低估了学生多元化和学生能力对于学术项目质量的影响。优秀的学生往往会被他们所认可的优秀学院项目所共同吸引，他们希望接触到令人敬重的导师和同伴。具有高度声望的学校在这方面就具备了明显优势。在每个建筑项目里都有优异的学生，这些学生在任何集体里都会出类拔萃、优于常人。在州立大学，大部分学生都在学术能力上相对更加均质化。这些学生共同构成了学术环境的基础，一起在学术机构和教室这种小范围的环境内学习交流、发挥才智。

但这并不意味着州立大学的项目和教员就略逊一筹。事实上，它们可能会更加优秀，只是可能在声望上缺少一些影响力。州立大学里的优秀学生还可能会更加出类拔萃。但是总体来说，他们会发现周边的校园学术气氛要比享有高度声望的私立大学少了些激情。这对于建筑学院来说，其实不那么明显，因为建筑学院自己控制招生录取，相对于学校里的其他学科来说，在申请者的筛选标准上更加严格。因此，即便是在大型的州立大学里充满着得过且过的学生，但是建筑学院的学术气氛也是非常浓厚的。

教员群体

建筑学院的重要性，远没有它所拥有的教员的重要性大，但是你不能单单靠浏览官方网站，查看每一位教授的毕业学校和最终学位，就简单地做出判断。你一定要仔细地探究，相关参考资源非常多：已经就读的学生，已经毕业的学生，对项目和教员都非常了解的建筑师，以及在其他院系或者其他学校任职的教员，他们之中大部分都非常愿意和你分享这些教员的信息。你需要了解的信息包括：教员都教授些什么科目，他们如何教学？他们对自己的工作是否投入专注？他们是否关心学生，以及是否关心自己学生在学些什么？他们在教室和工作室之外都做些什么：建筑实践、从事研究、写作和出版、旅行，还是讲座？他们自身是否获得了当地的、区域的或者国家级别的认可和名望？言传身教过后是否会受到激励？他们是否对学生要求严格，是否会投入大量的时间和精力来备课？他们是否和实践性或者学术性的世界保持交流？尤其是，他们是否在持续不断地鞭策自己，继续在学术上攀升，完全有能力胜任自己所教授的科目，并且提出更多有创意的问题？很多建筑学院的教员，本身在业内的知名度要远远超过在校园内的知名度。他们大都是建筑师、建筑历史学家，或者是在其所专注的领域方面获得了国内或者国际声誉的建筑理论家。教学通常只是这些教员多种社会活动中的一项而已。他们在学术或者是专业领域内的地位，都可以为所在的学校提供相对应的地位。事实上，正是因为他们的存在，才能够吸引学生们，因为学生们很渴望这些大师们的远见卓识和造诣能够传授到自己的思想里。

　　比如柯·林罗，是建筑领域里著名的教育家和城市设计理论家，正是因为他在康奈尔大学，所以很多学生慕名而来，只为能够得到柯·林罗的真传。再比如，路易斯·康在宾夕法尼亚大学的工作室在20世纪五六十年代之间吸引并培养了成百上千的门徒。正是这些大师的个人设计理念、教学方式和明星气质吸引了众多学生慕名而来，而并非因为这些学校的课程设置。不管项目的其他特色如何，具有名望的大师就是学校和学生们的瑰宝。但是这样也存在风险，就是追星。通常情况下，"明星建筑师"的时间和教学任务以及与学生的互动都是有限的。校园以外的任务可能会牵扯他们很多的精力，即便他们在校内从事教学，也可能会因为精力不够而照顾不过来。他们只会在高级课程里面带很少数的学生，教学时间可能一年下来也不过一个学期，所以在学院里也只有很少一部分学生能够有机会师从于他们。并且，有时候这些超级巨星级别的建筑师未必在教学上也是超级巨星。他们的课程可能会老套、枯燥，所推崇的建筑哲学或理念也未必还和所处的时代关系紧密、适合。要想真正了解这些大牌明星级人物的教学是一种什么样的切身感受，最好的方法还是咨询最近入学的学生和近期的毕业生。

预备入学的学生，如果在建筑方面已经有特殊的兴趣，最好是预先了解目标院校是否有与自己兴趣爱好相近的老师。去研究一下谁在你的兴趣爱好方向上颇有建树，我们可以划分归类出一些特殊方向的研究课题，诸如城市设计、历史保护、可持续发展、廉价住宅、景观设计、室内设计、施工建造、数字化技术，或者历史学。也可能目标院校并没有和你的兴趣爱好相关的老师，你需要在做出决定之前做好充分的研究以备择校。

除非你真正入学了，不然以上这些问题都不可能得到中肯的答案，但是通过准备，你还是可以或多或少地了解到教员们的信息。大部分学生在入学之前并没有很好地研究过学校的教员，直到入学以后，才有机会开始深入了解。

项目精神

有一个区分不同建筑学院之间差异的关键点，就是一个学院的教学风气。总的来说，一个建筑学院的院长和与其志趣相投的教员们通常都会互相促进，形成一种特殊的设计理念和原则，研究特定的社会问题和项目，甚至是某种独特的思维和视角来看待世界。尽管所有的建筑学院都必须保证专业教学要求，以符合建筑学认证体系，但是每个建筑学院都会有其自身的延伸空间、明确特征和教学方向。

比如在雪城大学（Syracuse University），沃纳·塞利格曼领导了建筑学院很多年，他是一位建筑师，深深地影响了雪城大学整整一代人，包括学生和教员，留下了不可磨灭的印记。他强烈的现代主义设计理念、建筑语言以及绘图手法，伴随着欧洲师徒相传的教学传统，渗透到了学校的各个层面。因而，这种风格的统一促使设计的多样化思考被降到了最小程度。老师的教学和学生的设计作品都反映出了强烈的塞利格曼所独有的高雅风格，设计工作室的项目也自然地反映出了塞利格曼强有力的教育风格。类似的情况在"二战"以后的芝加哥伊利诺伊工学院盛行一时，在那里，密斯·凡·德罗从德国移民到美国，是住宅建筑方面的权威领袖。学生们来到伊利诺伊工学院就是想要学习如何设计得更像密斯。尽管也有其他的教员，但任何人，如果对密斯的设计不感兴趣，随后都会发现来到伊利诺伊工学院是毫无意义的。

其他的学校关注的焦点也有不同。从第二次世界大战以后，城市设计作为建筑学的一个特殊分支由哈佛大学引领。麻省理工学院的建筑学项目通常是趋向于多元化的方向，也会随着时间而有周期性的变化。麻省理工学院在不同的时间阶段里，关注过城市设计、可持续建筑、节能环保、建造技术、住宅和社区设计、CAD方法论以及设计的可视化。与之相反，普林斯顿的设计学院多年来的关注点都着重于艺术造型、对知识的深度思考和语言表达，几乎不关注任何构造建设性的问题。尽管项目定位是偏向于理论化的，但是普林斯顿的设计教员通常都是声名卓著的建筑实践者。

圣母大学的建筑学院复兴了古典主义和波尔多国立美术学校的教学传统。在霍华德大学，很多学生都是非洲裔美国人或者从其他国家来的，设计工作室通常都会探索一些在美国或其他国家城市里，有经济缺陷的社区项目。其他学校推崇技术启发性、建构主义，以及解构主义设计，也有的把建筑当做纯粹的艺术造型而很少关注技术、社会或者经济问题。还有马里兰大学，同时关注城市设计和建筑设计，兼备建筑和城市历史研究。还有一些学校和工程学院联合起来，提供的项目适应于工程学和建造，但是这些学校的数量非常少。

在择校之前，弄清楚学校的教学理念，留意学校在近几年的课程设置中时不时的会改变教学方向。询问学生、教员和建筑师，以获取清晰的最有时效性的认识。了解项目的教学理念和方向是至关重要的，因为一旦你开始进入建筑实践，开始了自己的学术生涯，就会发现很难与母校的教学理念以及赋予你的思想分割开。

录取过程

你已经看过了建筑学院，询问了很多的问题，并决定了下一步要去哪里学习。那你是如何被录取的呢？录取的过程又是什么样的？每一个建筑学院都有它自己的系统来处理申请人的申请资料，也都会提供网络在线申请和指南。但是，在申请的时候还是有很多事情需要牢记在心，比如很多学院都有自己的特殊规定。所以，你得花点功夫来展示你的实力和优点。

作品集

很多学校都要求提交作品集来展示申请人创作过的作品案例。作品集一般包括申请人的美术作品、设计、绘图或者摄影。有些学校允许提交电子版本的作品集。录取委员会特别关注你的作品集设计质量，也包括外观和绘图质量，你需要建立起良好的第一印象。尽管很少有录取委员会，单单通过申请人的作品集就能断定出申请人今后的专业表现，但是如果作品集能够有效地传达申请人具备像建筑师一样的思考问题的能力，那作品集就能影响并说服录取委员会，甚至远远超过作品中所描绘的图面成果。当然，设计作品越好，这种印象就越积极正面。

面试

很多学员并不需要为了录取而进行个人面试。即便没有面试的要求，也最好亲临学院作进一步了解，而且可能有机会见到一两位教员顺便讨论一下录取的问题。

　　毕竟你是在为自己的前途奔波。与面试者表达出你的兴趣、动机、背景以及资格，要真诚而有热情，尽可能多些交谈。在面试官了解你的同时，你也能够获取关于项目、教员和面试官的信息（记住，建筑师非常喜欢讨论他们自己）。面试官随笔记录的一些积极正面的面试信息，都会归档进你的申请文件，这对录取决策的影响非常大。

推荐信

　　所有的学校都要求你的老师或者认识你的人、了解你工作的人，能够提供推荐信来证实你的特点、技能和学术资历。

这些推荐信可能具有决定性的作用。但是也有一种可能，因为来自于可信度和客观度值得质疑的个人、朋友或亲戚，而导致推荐信几乎没什么效用。为了保证推荐信能够用得上，让你的推荐人关注你的教育和专业成就、你的工作习惯以及你的创作潜力。最好的推荐信是来自于那些非常了解你的雇主或老师，你作为员工或者学生，能够和推荐人有很多直接的细节接触。推荐人可以在推荐信中清楚地描述出你具体的专业成果、能力以及个人特点，这对录取委员会了解你将有诸多助益。另外一个重点是，推荐人能够简短地说明你们之间的关系，这将会是非常有说服力的：在哪里，什么时候以及在什么场合认识的你。

分数

毫无疑问，分数很重要，应尽可能的提高你的 GPA。但是，分数也不代表一切，即便是一般的分数也可以通过其他方面，特别是作品集来扳回一局，甚至决定胜负，还有通过推荐信、竞赛奖项和专业经历来增加你的竞争力。分数普通的学生进入建筑学院也并不是什么大惊小怪的事情。有一些申请人能够展现出巨大的潜力，通过整合个人经历和作品集来展现自己的创作天赋。这对那些离开学校一段时间，有实践经验人来说是特别大的优势！

文书

一篇短论或者文书，会让很多学生望而生畏，这一般都是录取的必备内容。学院一般都会抛出类似的问题：你为什么想学习建筑？为什么想申请我们学校？你的什么经历对你影响至深？

我阅读过大量的申请文书，坦率地讲，大部分都写得毫无价值，无法很好地评价一个申请人的资质和学术潜力。很多申请人的文书通常都既不深刻也没有文法——拖拖拉拉、长篇大论、重复冗长。需要记住的是，你的文书应该反映出四个方面：你有一些相关而且有趣的事情值得一写；你能够有逻辑地思考和组织想法；能清晰、简洁地表达，也许还要文笔优美；能够保证使用英语的语法正确，拼写和标点符号无误。你怎么说远比你说什么更重要。

录取测试

大部分大学在本科录取中都需要申请人提交 SAT 成绩（学术能力测验），在研究生录取中都需要申请人提交 GRE 成绩（研究生入学考试）。虽然这些考试都没有直接针对建筑学的能力测试，但是他们能够测试出最基本的学术能力，并预测出学生入学后的基本学术表现。申请人需要为这些测试提前做好充分的准备，包括针对考试参加一些必要性的指导课程。如果你并不太确定自己的测试效果如何，可以考虑参加一些针对入学考试的培训项目。

时机把握

因为大学的教学日程安排一般都是秋季开学，所以录取程序就必需要提前将近一年开始着手进行。大部分的申请截止日期都是在冬季的中后期，学生们一般会在 2 月份到 5 月份之间收到录取通知。因此申请人到访学校了解项目信息的时间不要晚于前一年的秋天，然后在截止日期前提交作品集和申请表格。

要确认在春季录取材料审核日之前完成所需要的入学考试。只有在特殊情况下，学校才会接受较晚的申请。如果你要参加一些面试，需要确认在录取委员会开会确定录取人之前完成面试。

奖学金

当开始申请时，可以表明你对奖学金申请有兴趣，并附带一封说明信函。很多大学使用标准的奖学金申请，并和录取审核步骤分开。

学术奖学金，包括助教和研究生半工半读性质的职位津贴，通常工作都是集中在春季和夏季。因此，首先要让学校了解到你对哪种奖学金感兴趣。同时也要确认大学奖学金和学术奖金的发放量，有些奖学金的发放并不归建筑学院管理。

教育的投入愈加昂贵，这导致很多学生依然需要额外的资金来源，以贴补奖学金不足的窘境，包括借钱来补贴求学所用的花费。大部分大学都有低息的助学贷款项目，贷款利息和本金偿还都可以一直等到毕业后再开始计算。学生们还可以从商业信贷机构获得低于市场利息的贷款，多亏了联邦、州和一些地方政府的贷款保障项目，才能有这些途径贴补学费。

录取几率

你需要申请多少学校？可能是你申请得越多，被至少一所学校录取的几率就越大。但是，这种策略也要考虑到申请费用和申请时间这些非常实际的问题。我建议，用"来福枪"的方式——集中火力，而不是"散弹猎枪"的方式——普遍撒网。重点申请三所到四所你真正感兴趣的，然后添加一两所作为备用。你的备用学校也得是你能够接受的学校，而不是那些与你期许目标差距太大的学校。

如果你发现自己进入了录取候补名单，一定要乐观，因为学校预选录取的学生人数是肯定大于实际入学人数的，因为入学以后，还有一些人可能会退学，所以自然会相应地多招收一些学生。这就是候补名单的用途，如果你在候补名单上，请一定要持续与校方联系，表达你对入学的兴趣和意愿，最好让他们能够把你牢牢记住。

如果你无法如愿进入你的首选学校，你依然可以在你的备选学校里学习建筑，在一开始的一年里要保持非常好的综合表现，然后转学。但是这会有风险。首先，如果没有很好的学习成绩来支持你的转学申请，你可能依然无法获得录取。其次，如果是转学录取，可能你的有些学分是无法保留的，因为在项目的教学内容和教学质量上，两所学校可能无法达成共识，甚至还有可能会重读一个学期，甚至一个学年。再次，也可能是惊喜，随着时间流逝，你可能宁愿在你刚开始就读的学校完成建筑专业的学习，不再有什么兴趣转到你当初期望的学校了。这通常是因为学生们进入项目学习后，融入到了熟悉的环境中，确信备选的学校要比本来期待的那所学校更适合自己。

一旦被录取，尽快回复学校告知你的决定。通常都会有录取接纳的截止日期，因为学校需要知道到底有多少学生能够在下一个学年正常入学。如果你因为在等待其他的你更感兴趣的学校的录取信息，而希望能稍微延迟回复已经录取你的学校，请立即写信申请延期回复。

这通常也是一些悬而未决的问题最终需要落实的时间，诸如奖学金、助理岗位以及转学或升学的学分保留情况。如果有些问题直到你秋季入学才能够真正解决，那你也真的不要大惊小怪。

要积极地看待自己，因为建筑学院看重你，也再次提醒你，建筑专业的辛苦才刚刚开始。紧接着的几年会非常刺激：挫折沮丧、思绪大开、高深莫测、兴趣盎然、枯燥无味、精疲力尽、兴高采烈、咬牙坚持，这些体力和脑力的感受都是在同一时间发生的，这就是让人百感交集而五味杂陈的建筑学院生活。选择与被选择只是在通往建筑师这条路上，众多里程碑中的一个而已。

7 毕业后做什么

成功地完成了建筑学院的学习是一个相当了不起的成就，也是任何建筑师职业生涯的重要里程碑。多年的高强度学习和工作责任似乎是无休止的，但没有任何人是真正的"毕业"。尽管毕业标志着校园生活的结束，但是这并不意味着你的建筑教育生涯就此结束。

实际上，和建筑学院的挑战一样，毕业之后所面临的挑战可能更加激烈。毕业后所面对的新选择和障碍是在学校里所无法经历和理解的。每一个紧随其后的职业道路都是建筑教育的延续，即便它并不包括传统的建筑实践。因此抬头向前看，对各种出现的可能性时刻保持警觉是非常重要的。要牢记：你的建筑教育现在已经从学校的教室转换到工作场所了。

实习

大部分建筑专业的毕业生，无论是建筑学学士还是建筑学硕士，都是从建筑学院进入建筑事务所。一开始的几年工作都属于实习阶段。实习这种称谓是非常合适的，就是指刚刚毕业的建筑学学生仍然处于接受专业培训的阶段，依然还在学习，依然还是学徒的身份。然而，很多情况下，实习生已经在暑假就获得了公司实习的经验，或者是在学校期间就做了兼职工作。

建筑实习生，和大部分其他专业的新手很相似，因为他们充满激情，渴望创造，对知识如饥似渴，努力投入。他们通常都会主动请缨加班加点地工作，部分原因是他们的工资比有经验的建筑师要低。实习生的薪酬相对偏低，因为大部分实习生都是经验不丰富，当领取了新的工作任务，自己又不熟悉时，就需要更长的时间来完成。

建筑实习某种程度上和刚完成了医学院学业的见习医师有几分相

似：大量的工作、长时间的付出、微薄的薪酬。对于还在学徒状态的新手来说，这种报酬也是合理的。每个州都有要求，必须有一定量的实习时间积累，才能有资格考取建筑师执照。但是，建筑专业从来没有像医学专业那样有着严格的制度化管理，在医学领域，这种制度已经发展成为国家性质的、有竞争机制的、基于计算机考核评估系统来考核医学院的毕业生。但建筑实习生依然还是需要自谋生路，无论在哪里都要自己找工作。实际上，找到并且顺利完成建筑实习的决定权都在实习生自己手里。

建筑就业是根据经济状况而有波动的，对于新毕业生的需求会随年甚至随月而波动。一个持续的、系统化的实习项目需要稳定的就业来源，统一标准的实习流程，严格的评估方法。经济的不确定性，加上建筑师自己可能有抵触情绪：不愿让自己的性格本质、投入目标和行动自由受到束缚，这让实习变成了雇用。

但是，经过 NCARB（National Council of Architectural Registration Boards) 的努力，实习的需求和标准得以规范化。

NCARB 开发出了实习发展项目（Intern Development Program，IDP），现在被所有的州立执照注册协会所采用，IDP 项目为每个实习生创建和管理一个永久个人文档，但是由实习生本人自己来负责记录其在雇主处积累的经验，同时需要和一名 IDP 顾问保持联系，这名顾问必须是一名注册建筑师，实习生需要积累到规定要求的最低实习时间，并且还要亲身参与多种类型的项目。考虑到建筑实践的完整性，这些建筑项目都是由 IDP 规定和分类的。每一位实习生的雇主都必须证明实习生合格地完成了每一个分类的项目，符合规定的实习时间数量要求。因此，IDP 的目标就是保证每一位实习生可以掌握执照考核所需要的全部技能单元。

在美国，想通过获得执照来从事建筑实践并使用建筑师这个头衔，就需要一个认证的建筑学学位，以及不少于三年的各种实习经验，再通过州内的执照考试。

幸运的是，积累实习时间不需要必须在一家公司或者在一个州内完成。刚毕业的建筑专业的实习生在就业市场内打拼，可以为他们提供多样化的体验和所需的技能训练。很多建筑毕业生会在最初的几年里频繁地调换职业，另一些人则坚持在一家公司任职（也许是希望能够变成高级合伙人）。有些人在小微型公司任职，这些公司可能要为生存而苦战，而另一些人则在资源雄厚的大型公司任职。

建筑毕业生能够在实习期间学到多种多样的技能和知识，这是基于所从事过的职业数量、类型和所供职公司的规模、类型和设计项目的大小，以及所承担的工作任务共同决定的。一些建筑实习生会直接积累到大量的实践经验和管理经验。这在小公司（一般 5 到 10 人规模）的实习环境中是最为普遍的。但是，大部分的小公司都没有机会参与大规模和复杂程度较高的设计项目。

供职于大公司的毕业生可以在大型项目中获得某一特殊领域的大量经验积累，但是他们无法获得小公司里面的知识广度。专注程度和专业素质确定了建筑实习生在大型实践活动中所担任的角色，同时多样化的能力和触类旁通的素质确定了实习生在小型实践项目中的角色。

除此以外，相对于小项目而言，大型项目通常在设计和建造上需要消耗更多的时间。所以，在长达三年的实习期中，实习生在大公司只能经历两到三个项目，而在小公司中可能经历六到八个。在大公司的实习生可能永远没有机会掌握项目的全局；而在小公司，一体化的综合设计过程中，实习生的参与程度会更高。然而，在小公司的年轻建筑师可能不如大公司同行们经验丰富，或者没机会达到他们的专业高度和更多的合作机会。

另外不同公司之间的明显差异就是高级建筑师（合伙人，主管级别）的个人意愿，是否愿意在所雇用的实习生身上花费时间和精力来传授专业技能。这些实习教学包括对设计技术问题的处理、方案演示、会见客户和咨询顾问等一系列针对项目问题的讨论和理解。对于新雇用的实习生来说，高级建筑师们就是在建筑学院毕业之后的代理导师和教授。因此，建筑事务所对于实习生来说影响至深，让实习生确定是否还有热情去学习专业知识，并掌握多样的职业技能，不仅用来满足实习需要、通过注册考试，而且还能在今后的建筑实践上获得成功。

　　一些参加注册考试的报考者从没有接触过用钢材、混凝土或者木材设计并修建的项目。一些人在工地现场的知识也非常缺乏，或者从来没有写过完整的设计说明书。另一些人会发现他们在实习期间缺乏足够的客户交流或者项目管理经验，对合同管理也非常陌生。很遗憾，很多公司都存在这样的问题，这就是日常工作的真实情况，这种分工是由公司在人工成本上的考量来决定的。如果一个人在 CAD 工作方面非常娴熟，能设计建筑结构，或者和施工方对接，公司安排这样的人做他（她）最擅长的工作就会更有效率。同样，因为一个实习生熟悉建模软件，就很有可能被绑在了计算机上，而没有其他机会从事建筑师本来要去学习的其他工作任务。这就是建筑专业化分工的弊端。

　　因此，建筑毕业生应该全面地考虑选择就业，即便是工作职位并不宽裕。实习的这几年里，工作非常重要，它们不但为你的执照考试需要（也可能拿不到执照）做准备，而且塑造了你将来成为一名建筑师的职业方向和从业态度。

　　在你的事业之初就跟着一个平庸的建筑师，那你所能学到的也都是平庸的思考和成果，无论你多么雄心勃勃也难有大的突破。在一个设计作品出类拔萃、顶尖设计师云集的工作环境中实践，你会更有可能全面地激发和孕育自己的才能。事实上，许多杰出的公司都是由一些之前就在优秀公司从业的建筑师们创建的，他们师从于上一代优秀的建筑师，并得到了真传。

成为一名建筑师

这也是一个职业的里程碑。一旦得到了从业执照，你就可以提供针对个人的建筑服务，或者成为一家公司的所有人。在美国，想要合法地使用建筑师这个头衔，首先要成为一名注册建筑师，其过程如下：

（1）获得一个认证的专业建筑学位（建筑学学士或者建筑学硕士）。

（2）完成各个州规定的最少的实习要求，通常是在建筑公司从事三年的实习体验。

（3）申请并且通过州政府组织管理的建筑注册考试，随后获得所在州颁发的注册证明书和执照。

对于大部分申请者来说，注册建筑师考试本身就是一种折磨。为什么会让已经成功从建筑学院顽强生存下来并且获得了认证文凭的建筑师们如此烦恼不堪呢？

建筑师必须要获得执业许可，因为建筑的设计和建造影响着大众的健康、安全和幸福，特别是安全。

为了保护公众安全，政府被公众授权通过法律手段来管理个人行为和业务实践，诸如建筑师、工程师、医生、律师和会计师等提供有关公众健康、安全和幸福的专业化服务的实践。各州都希望保证任何一个建筑师都能满足专业能力的最低要求。另外，因为教育标准的差异性，各个州一直都各自管理符合各州自身能力要求的考试，所以对建筑师来说，并没有联邦、郡县或者市级别的执照。

关于三年实习期的构成，一些州有自己特殊的规定。有些州认可的实习方式还可以包括教学、科研，或者在高级的研究生项目中攻读"后专业"（post professional）学位。还有一些州会比较严格，要求三年的实习都必须在注册建筑师的建筑公司足足地做满三年的建筑设计实践。想了解各州的合格条件和政策，只能逐个查询，大部分州都采用 NCARB 的 IDP 标准，这让渴望获得执照的建筑师们更容易理解怎样才能达到合格的要求。

多年以来，NCARB 考试被大部分的州采用作为标准化执照考试，已经在形式和内容上经过了多次改革。为了能够持续地提升测试质量和可靠性，NCARB 一直尝试并使用连续考试法，这种方法不可避免地被实践者、教师和应试者批评，理由众多，诸如太过实际、太落后、太简单，或者太难。事实上自从本书 1985 年第一版发行以来，NCARB 的考试形式已经改革了好几轮。在本版问世后，考试依然会不断改变。无论你什么时候参加考试，都要了解最新的标准要求和考试形式。

NCARB 的标准化测试——建筑注册考试 (ARE)，现在采用多学科的上机考试。ARE 是高效、准确、可信，并且公平的。考试旨在更清晰地判断出哪些应试者可以通过，而哪些无法通过。系统能够非常清晰公允地做出判断，因为所有的问题都经过了预先测试，确保是平均难度水平，不能轻易靠猜测获得答案。另外，应试者可以在 NCARB 认证授权的考试中心模考一科、若干科，或者全科的测试。

考试的每个科目都包含了若干个相对独立的问题集，这些问题集提供了科目内广泛涉及的主要问题。作为应试者，需要完成初始问题集，系统会检测应试者的答案。如果测试结果表明，应试者很明显地可以通过或者无法通过测试，系统就会停止这一科目的测试。如果通过的可能性还不清晰明显，系统就会继续附加额外的测试题目，直到系统能够得到明确的结论判断是否可以通过测试。因此应试者的答题数量会因人而异。

2012—2013 年，测试包括以下七大科目：

（1）设计规划实践；

（2）场地规划设计；

（3）建造设计和建造系统；

（4）方案设计；

（5）结构系统；

（6）房屋系统；

（7）施工设计服务。

可见，ARE 的考试范围很广泛，并重点关注于建筑技术和建筑设计两大方面。符合考试资格的应试者通常都要提前参加考试培训课程或者复习考试参考书、笔记和备考材料。考试的实践问题和绘图操作都可以通过互联网收发题目。对于应试者来说，有些科目可以轻松过关，但有些科目也可能考得一塌糊涂。有些州要求应试者必须在有限的时间内通过全部科目的测试。但 NCARB 并没有规定参加考试的次数。

从过往的经验来看，要想顺利通过 12 个小时的设计科目（还有场地规划和结构科目），绝对是一个很大的挑战。但是现在的测试并不考查美学功底或者表达技法，而是测试应试者解决问题的能力，需要满足项目、组织、建筑法规、生命安全、结构和环境需要的考核标准。现在的一些应试者，可能在徒手作图上畏手畏脚，也可能会在一些更加技术性的测试科目里苦苦挣扎，但是只要准备充分，这些技能都可以快速掌握。

通过测试，拿到建筑师执照，才可以在业务范围内合法地使用"建筑师"这个专业称号，提供建筑服务并确认图纸签章。各个州都要求周期性地更新执照，并不需要再参加考试。但是，为了获得更好的教育信用，大部分州每年都要求更新建筑师执照。

各个州也允许在其他州注册的建筑师，可以在本州得到相互认证。NCARB 会为在任何州参加 NCARB 考核并获得执照的建筑师，颁发一个国内证明书，这个证明能够保证在其他州可以更快地获得执照。对于很多建筑师来说，注册考试的另一个重要意义在于：这真的可能是人生的最后一次考试了。

过去的 NCARB 调查显示，在获得执照后，超过 90% 的注册建筑师会参与建筑实践，4% 的人会参与教学。其中，超过一半的人，在少于 10 人的建筑公司任职。相反，尽管大部分的 AIA 初级会员都继续追求自己的建筑事业，但也有大概 1/4 的人不再跟从这种"学校—实习—注册考试"的职业生涯。因此我们推测，尽管大部分的注册建筑师从毕业之后就直接参与了实践，绝大多数都是在中小型规模的公司工作，但很多毕业以后的建筑师职业发展轨迹都不尽相同，甚至会另辟蹊径。

继续教育

建筑师绝不会停止学习，一部分原因是因为太多知识需要去学习，还有就是因为知识和标准都在发展：新的设计理论、新的工作方法、新的管理实践、新的计算机应用、新的建筑材料和技术、新的建筑规范。和所有其他的专业类似，建筑师们要对客户和公众服务负责，将与时俱进的知识和标准应用在建筑实践上。建筑师就是要活到老学到老。

这种伴随一生的教育可以是正规的，就像在大学里面，有规范化的课程。很多教育机构规划良好的再教育项目，包括短期课程、讲座、培训，这些都由 AIA 主办，通过建筑学院组织，或者是由关注于生命安全、环境保护、可持续发展、数字化技术、建筑技术、施工产品、历史保护、城市规划和房地产开发的综合商业协会和专业组织来承办。当然，建筑师也可以借助非正式渠道获得再教育的机会，通过阅读文章和研究技术文献来实现自学教育。

AIA 为了保证成员能够有规律地更新实践知识，其一直采用持续教育系统（Continuing Education System，CES），对持续教育质量进行评估和报道。它要求成员通过记录持续教育的"学习学分"，来指导专业进步。这套系统创建了与特定教育活动相关的实践、投入、课

程时长记录。CES 严格规定了再教育的评审范围，比如公共健康、安全、福利，但是系统又十分灵活，允许每一位建筑师选择自己的学习目标。AIA 的 CES 报告具备成绩单的功效，以方便各个州用于注册和更新所需的再教育学分。

深造

　　一些建筑学专业的学生在接近建筑学院教育的尾声时，期待进一步接受教育。毕业生也会在经过多年的实践工作后，返回学校追寻新的兴趣领域和方向。对于这种学习，每个人都有自己的诉求：

- 得到更多的设计技能，诸如城市设计、住宅和社区规划、可持续设计、数字化技术等领域。
- 和一些特定的教师学习设计，这些教师可以作为年轻建筑师的导师。欣赏某个学校的某位特定教授的设计项目、方法论和艺术哲学观。在研究生阶段有一年或者更多的时间进行教授学习。这种学习并不是为了获得某种特殊技能或知识，而是希望对教授独特的、创造性的思维方式和设计切入点有更深层次的洞察。
- 希望得到新的或者更多的专业技能，在建筑的分支学科中进行探索，诸如历史和评论、建造技术、施工管理等，与设计本身的关系不大。
- 转到其他的与建筑学相关的领域，比如景观建筑学、城市规划、室内设计或者图形设计。
- 彻底转变学科，可能从建筑学转到商学、法学、工程学、房地产开发或公共管理。

后专业学位的学习增强了知识储备、专业技能和事业上的竞争潜力。在激烈的就业市场中，高级的学位很显然是一种财富，这些学位在一些领域是不可或缺的。比如，大部分大学不会雇用或者提拔那些没有最高级别学位的教员。联邦或者地方政府机构在决定雇员的薪酬和职位时，也更倾向于有高等学位的人。但是，在传统的建筑实践中，这种学位对于一名建筑师的未来发展和实践来说并不那么重要，而实践技能、天赋和个人特点才更加重要。

统计来看，在所有的建筑毕业生中，无论是建筑学学士还是建筑学硕士，有一小部分会在从建筑学院毕业以后继续深造。

如果深造是出于个人兴趣，也要关注不同的研究生院项目的特点，综合各种因素作出选择，这在前面已经讨论过了。同时也要注意，如果继续投身于建筑设计学习时，你的专业学位大都是硕士，而不是博士学位，因为在建筑设计一般都没有博士点。建筑学的博士学位研究领域一般都是纯学术研究，如建筑历史、建筑理论、建筑技术等。

旅行

　　旅行对建筑师的意义就是，只有在认知边界超过了自己所在地域范围以后，这才算是真正接受了教育。特别是去欧洲的旅行，可以接触到非常多西方建筑的宝贵遗产，这是必须要记上日程不能拖沓的旅行计划。如果时间和资金允许，可以去更具异域风情的地区，比如日本、印度、中东、北非和拉丁美洲，这些地区同样可以让人深受启发并激起创作欲望。幸运的是，很多建筑学校都在暑期和某个学期、学年有海外留学项目，为求知欲强烈的建筑师们提供了游历的机会，去亲眼目睹和研究城镇、城市、建筑以及孕育了这一切的文化。

　　任何一个有过旅行经历的建筑师都会对你说，无论是网上的照片还是书里的图片都无法与你亲自漫步在罗马、巴黎、巴塞罗那、伊斯坦布尔、北京或者京都的街道上所能感受到的亲身教学体验相比拟。你自己亲身感受的人行通廊、连拱廊、别墅住宅、庙宇、教堂、公共建筑、住宅社区和市场，和在另一片大陆上沿途的分析、描绘和拍照，都没有任何其他的方式可以代替这种亲身感受带给人的影响。

　　与建筑的近距离接触，从历史建筑到现代建筑，都是全面了解建筑的唯一途径。如果你在建筑学院求学期间不能实现这样的旅行计划，那也一定要保证在你完成学业之后立即动身，然后寻找机会周游世界。

　　事实上，美国建筑师也需要尽可能地关注美国本土的建筑。尽管大部分的建筑传承来自于欧洲，但是美国依然有大量的建筑遗产在经过了文化上的嫁接、重新解读、混合后得以传承。游历的城市可以首选波士顿、纽约、费城、华盛顿、迈阿密、芝加哥、洛杉矶和旧金山。

　　可游历的历史城镇也很多，比如南卡罗莱纳的查尔斯顿，佐治亚的萨凡纳，马里兰的安纳波利斯，弗吉尼亚的亚历山德里亚和东南部及西部由西班牙人最先设计的城市聚落。另外，一定要亲身体验北美广袤辽阔的景观地貌带来尺度感和多样性。这一过程不仅可以了解美国的建筑，也可以了解到建筑为何会有各自的解读方式。

　　旅行最好安排在安顿稳定成家立业之前，因为你对家庭的义务责任很重要，很可能成为你远途旅行时的牵挂，无论何时何地，家庭都

意大利米兰的风雨商业街廊

是第一位的。对工作、对配偶、对子女，或者还有按揭贷款的责任都会让你远足的机会变得越来越少。有限的假期、紧张的工作、财务上的压力，以及家庭的义务可能使欧洲之旅或者长达一年的周游世界的计划成为泡影。

从经验上来看，年轻建筑师会通过留学的途径，研究其他国家的建筑和艺术遗产，所拍摄的大量照片，无论是平凡无奇还是不朽之作，都能够快速地填满相机储存卡。年轻的建筑师甚至还可以在国外居住、工作，这要比仅仅做一名旅行者更能吸收当地的文化。美国的建筑师一直都有这样的机会。他们在海外找到国外的或者美国的建筑

公司供职，设计作品遍布欧洲、亚洲、拉丁美洲和非洲。他们可以在
政府或者社团（美国派往发展中国家协助开展各类项目的年轻人组
织）任职。他们可以申请建筑师旅行奖学金，这些奖金大部分是为欧
洲的游学而设立的。如果建筑师有教学岗位，可以申请福尔布莱特讲
师职位，给国际交换生上课，这样他们就可以有相当多的时间在海外
教学。无论你通过何种方式旅行，这些宝贵的经验都会对你的建筑师
和公民角色影响至深，一生相伴。总之，国外的经历绝对会让你视野
大开。

教学

　　"做得好未必教得好"，这是萧伯纳的名言。尽管这在其他的一
些教育领域里看似正确，但是对建筑学教学来说却未必都适用。事实
上，很多教授都在建筑学领域里表现出了教学、实践两手硬的特点。
教授建筑学对于那些有教育方面潜力而且又胜任的人来说是非常具有
吸引力的职业选择。大学需要有建筑设计和技术特长的教员，至少得
具备硕士学位。建筑历史学家通常都需要有博士学位。大部分大学都
允许建筑教员们开展自己的咨询业务和建筑实践，能够从事设计实践
和咨询业务的教员，可以大大提高教学收入。同时，当建造行业的经
济环境有波动的时候，这些稳定的教学收入也让他们可以更容易起步
创业和维持运营。尽管和医学、法学、商学、工程学或者计算机科学
比起来，建筑教员的学术薪酬只能算是中等水平，但是也绝对可以和
艺术、人文学科的教授薪酬有得一拼。建筑学教授的薪水绝对可以和
从事全职，特别是小公司的建筑师的收入水平持平。

　　很多有天赋的建筑学毕业生在一完成高级研究生学业以后就立即
开始了自己的教学生涯。他们可能已经在毕业之前就从研究生助教岗
位上获得了一些教学经验，或者他们在完成学业之后从事了多年的实
践工作。最初的职位都是讲师或副教授，也可能是按照每年的情况兼

职客座，或者全职，抑或被任命为终身教职。后者通常都要多年不断地续签合同。积累一定的教学时间之后，通常是五到六年的时间，可以申请终身制学术升迁，这必须经过系里和校级终身委员会的审核提拔。

终身审核需要评估三个领域的成果，包括教学、研究成果或者原创作品以及对大学的服务（专业领域和公共层面）。终身审核会导致两种结果：大学认可终身教授，即长期雇用；或者是不认可终身学术身份，也就是教员可能会在后续的教学年中离职。很明显，终身认证的过程，确实给建筑教员带来相当大的职称压力，他们需要在相对很短的时间里迅速建立自己的设计案例成果。但现实状况是，建筑师本来就是一个培育过程相对较长的专业（相比其他学术领域而言），要想取得成功，很多建筑学教授，特别是教授设计课的教员，无论这些教员多么有天赋，工作多么勤勉，都很难满足终身录用的条件。如果从公平角度考量，学术机构也能够特殊情况特殊对待，终身教学路线对于设计类的教员来说，评估标准应该相对其他学科的教员有所差异。

建筑学院之所以在终身教职岗位上雇用一些年轻的新人，是因为这些人能够在学术和实践中展示出学术专业方面的巨大潜力。招聘委员会十分欣赏那些有优秀学术背景，个人作品集可以展现出新人有强劲的独立设计和建造实力，写作能力优秀并有文章和出版物发表，经常参加设计竞赛和学术会议，有业内公认的杰出人士做新人推荐，并且授课能力十分出色。有一些学校希望建筑设计教员是注册建筑师，并鼓励那些还没有拿到注册的设计教员能够积累一些专业的实践，尽快获得建筑师注册认证。然而，大部分的设计教授都不是通过设计来获得终身教职的，而是通过做研究、著书发表和专业咨询服务。无论途径如何，现在想获得终身教职，主要还是要依赖研究、出版和在设计实践上的优势，而并非是由授课水平来决定的。

教学可以提供诸多好处，并非仅仅是为了寻求稳定的生活方式。教员本身其实也一直被自己的学生和同事们影响改变着。新的理念和信息往返流动，这不仅仅只有学术研究才能获取。教学提供了探究摸索、钻研理论和著书立说的机会。优秀的老师实际上是在扮演一个交换者的角色，他们将自己的个人研究成果和实践心得带入自己的教学中，又将教学带入自己的研究和实践中。当然，教学也是一种自我奖励，当看到自己的学生通过努力，在学习、探究、创作以及成长上有了可圈可点的成就时，真的是一种巨大的满足。

当然，大学教学也会有很多问题：预算和薪酬缩水，或者没有其他的额外收入，对那些有家庭但并没有参与设计实践的教授来说就显得捉襟见肘。很多教员都十分需要并且执着于追求终身教职，但却迟迟未能如愿。行政的复杂、低效和大学后勤部门的各种弊病，以及大量课程内容的复述，都会导致教员的厌倦情绪和身心疲惫。同时这些教员参与教室工作之外的实践非常有限，智力上可能会停滞不前，锐气慢慢衰减殆尽。这种情况通常都发生在那些除了教课便无事可做，长年累月只教一门课的教员身上。但是，通过热心相助的教员同事、智慧焕发的前辈导师、敏感的行政官员以及有支持力的配偶的帮助，可以大大缓解或避免其中的大部分问题。

在相关领域崭露头角

实践建筑师指的是那些直接与建筑、建筑群，或者新社区艺术、功能或技术设计经常打交道的人。设计课在几乎任何一所建筑学校都是核心课程，也是几乎任何一本建筑杂志的核心主题。但是很多即将成为建筑师的人都会渐渐发现，无论是在建筑学院学习还是毕业以后，设计本身和传统的建筑实践并不是自己的挚爱。他们可能因为缺少天赋、兴趣而动力丧失殆尽，也许发现了新的兴趣点，或者希望多挣点钱，各种因素综合促使其做出了最后的选择。

但是他们也会逐渐地意识到，正是因为自己接受了建筑教育，在这种特殊的课程和教学方法上经历了多年的浸染，已经为他们的转型做好了充分准备。从所学的学科广度来讲，手绘和数字化绘图、建模能力可以将数学、科学和工程学结合应用，了解项目运作和公司管理，对历史、人文科学和社会科学都有研究，尤其最重要的一点就是设计，这么多复杂又综合的互动需要很好的探究、分析、批判性思维、想象力、发明创造能力、矛盾冲突化解能力以及建造能力。建筑专业的学生，无论他们的天赋如何，都必然是辛勤工作，有严格的分析推理能力，善于理性决策和组织。这些宝贵的能力几乎足以应用到其他任何领域。因此，无论是什么让他们最终选择离开设计领域，毕业的建筑师们都可以利用他们所接受的建筑教育作为转行的资本，选择多种多样的职业生涯。

景观建筑学、城市规划、历史保护、室内设计、家具设计、工程学以及可持续发展领域都是和建筑学结合紧密的领域。他们都需要根据人们的使用和居住需求，结合能够实体建造的设计，并和建筑实践积极互动。这些学科也都在方法论和实用工具、文化历史上与建筑相通，并在艺术，技术和功能目标等方面与建筑有诸多交集。和建筑学很相似，这些专业领域都在知识、理论、设计方法等方面和建筑教育中必学和必须掌握的技能很相似。实际上，有很多的景观建筑师、城市规划师、历史保护专家、室内设计师、工程师都是建筑学专业出身。同样，很多建筑师最初也是其他领域的专家。

另一些领域，在方法论和目标上和建筑学的关系虽然并不紧密，但却对环境设计和建造影响重大，比如施工建设和管理、房地产开发、金融、市场等。这些不是设计专业领域，也不是建筑实践的组成部分，但在宏观定义上却和建筑学关系紧密，这些领域关心的是将建筑视为商业产品。

建筑承建商购买并配置劳动力和建筑材料，再根据建筑师准备好的设计图纸和建筑说明协调分包商和供货商，让建筑拔地而起。和承建商一样，建筑师也是为业主或者房地产开发商工作的。随后的运作还包括确定市场、功能定位和运营计划、产权获取、融资、雇用设计师，并和建筑承建商协商合同、推进建造，然后租赁销售或者获得资产权。保留有最终话语权的通常都是建筑的所有者和开发商，并非是建筑师，开发房地产所需的资金也是由投资商或银行提供。刚毕业的建筑师偶尔会参与和这些领域打交道，就会发现：第一，是那些非建筑师的力量更多地控制了开发进度和产品设计，并非是建筑师；第二，如果不是为了在设计中获得更多的乐趣，那投资建造要比投身设计所获得的经济回报大得多。

最后，很多建筑师会进入政府当公务员参与公共管理。联邦、州、郡和市政府机构负责制定规范、建造并管理大量的美国地产项目。这些项目囊括了所有的建设类型，诸如国家公园、军事基地、大使馆、办公建筑、医疗建筑、实验室、住宅和公共设施基础建设。建筑师在政府的各个层面都可以扮演非常重要的角色，监督大型资产，保证新建、重建项目设计和维护都能得到妥善的落实。

有时候，建筑师在公共部门作为项目启动人员和项目设计师，来设计议案和提出概念。政府的建筑师可能还要为某些项目准备细化的建筑设计图纸和说明书。他们更多扮演的角色是审核人员、监管人员或项目经理，处理由建筑承包商或者建筑咨询公司负责的设计监督和建造组织活动。或者他们可能会成为政府所辖的局、部门，或者科室里的领导人员，更多关注的是整体政策和执行程序，而并非某些特定的建筑项目或资产。"公民建筑师"越来越多地进入公共领域，成为公民活动家，抑或是政府官员，也可能是希望获得选举的政治家。这些人不再负责具体的建筑设计建造，而是成为政府或公共服务部门的建筑师，影响着公共政策的制定并能做出决策。特别是当他们扮演业主角色的时候，对建筑师和建筑业都有着深远的影响。

在政府机关的建筑师可能会错过一些专业实践，也不会有机会经历自主创业的快乐与悲伤，也肯定不会变得很富有。但是他们也享受着生活安定带来的便利，稳定的就业、带薪假期、保险和医疗保障，有时候还会有一种肩负着重要政策制定的责任成就感。

放弃建筑

爱得越深，伤得越深，大量毕业的建筑师遗憾地放弃了建筑，通常是因为之前的人生经历中有一些特殊的感悟而导致的。他们也可能是从顿悟和挫败中惊醒，然后选择放弃。这些人会回到学校，学习法律或者商科，可能做了保险或木料生意，或者彻底悟道而放下一切功名利禄去爱琴海度假。在这些人看来，建筑学带来的成就感都不足以平衡建筑学所带来的负担。

通过对比分析统计数据可以发现，那些放弃建筑学而从事其他专业的人和很多激情澎湃地转专业的文科生很相似，建筑学换行业的数量应该是名列前茅的，这都是因为市场不景气或者个人因素最终导致离开本专业。人才市场的供需关系当然也对建筑学转行的影响非常大，当僧多粥少时，放弃专业另求他路的几率就会大大增加。那些最终选择彻底放弃建筑的人，往往都是五味杂陈而又依依不舍。

建筑师所感受到的外部压力和不公就是现实社会的表现，这种压力不可避免，即便有些情况超过了建筑师的可控范围，建筑师也能咬牙忍受。但是对于那些以设计为生命的人，那种丧失机会、遇到创造力瓶颈期，以及因为无法实现抱负而充满沮丧的感觉，真的让人有挫败的窒息感。建筑带来的回报，主要源自设计、创新和建造成真的满足感；建筑师非常享受视觉构成和空间形体变化带来的精神愉悦感，这些都是其他行业几乎无法实现的。

III

做一名建筑师

8 建造过程和建筑师的角色

　　建筑学作为一门规范化的专业，时间并不长。从人类着手建造自己的居所开始，一直都是如此，设计师和建造人，这两者并没有什么区别。在远古文化和语言中，建筑师和建造者都是一个词，从基础破土到封顶收工，最终将结构体搭建起来，这是个一体化的完整流程。石工和木匠就可以设计、组装材料、估算造价、监督建造。因此第一个为自己和大众提供居所的人，本质上来说就是第一个建筑师了。任何可以构思、绘制几何造型，并将这些形体建造起来而没有倒塌的人，都可以说是一个建筑师。

　　工业革命改变了建造流程。新材料、新机械、新工程技术、新的建造需求都让小到个人、大到组织，在掌控建筑设计和建造流程方面感到越来越难。专业化是不可避免的。日新月异的发展，使得技术复杂的结构系统所需的专业操作远远超过了石工和木匠的技术掌控范围。高度专业化的转包商重新定义了总包商的角色，总包商使用自己劳动资源建造的建筑越来越少。建造过程中的复杂问题渐渐变成了某些专家的问题，这些专家对建筑师来说，是有力的专业补充。

　　美国的第一所建筑学院，由麻省理工学院在 1868 年设立。当美国颁布了建筑师注册法，建筑学很快就被认定为一门可以学习和掌握的专业。自从那时起，实践建筑师的设计领域就一直在不断拓宽和发展着，项目的类型也宽了很多，越来越具体地细化了建筑师的职责范围。

　　今天的建筑师们设计单体建筑、建筑综合体、整个城镇和城市的部分片区，但是他们是以领导人的关键角色融入到了这个高度专业的由工程师和其他设计咨询师共同构成的大团队中。项目的专业化程度越高，就越需要专业的咨询顾问。除了建筑师以外，一个项目团队还包括了土木、结构、机械和电力工程师，景观建筑师，室内和图形设计师，照明、声学、安保方面的专家共同对建筑规范分析和解读，还需要交通和运输管理的配合；并且会依照不同的项目类型寻求健康保健设施、表演艺术设计、历史保护、零售和结构化停车设施等方面的专家配合。

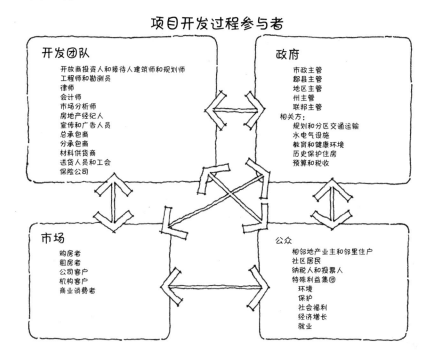

项目开发过程参与者

从传统观念来理解建筑师在社会中所扮演的角色其实并不难。建筑师就是艺术家和技术专家的结合，他们的设计天赋使得建筑可以美观、稳定、实用、可持续，并有可能提高营造性价比。成功的建筑师大都是努力勤奋且富有创造力，但是他们也有能力掌握广泛的工程学知识和组织管理技能、具备政治敏感度、法律意识、市场和谈判技巧、了解经济学和会计学，甚至具备社会影响力和商业拓展能力。

然而，这听起来都太宽泛了，并不是专业化的。如果建筑师能够在专业上如此精通，那为什么他们不再担任实体建造的负责人了呢？

这就要求我们接下来继续探寻，在整个实体建造阶段，伴随着建筑的拔地而起，所有参与者的分工角色如何确定，建筑师在其中又担当何种角色，以及建筑设计任务怎样将艺术与科学结合在一起，明确了这些答案就更容易理解建筑师的职责范围了。

项目如何拔地而起

需求

　　古话说得好：需求是创造之母，一语道破了为什么大部分的项目能够得以营建，就是为了满足现在和未来的需求。因为项目就是为项目的开发者和所有者创造价值，经济学家将这种需求定义为市场需要。对于大部分的非营利组织、公共慈善机构、文化项目和政府项目的需求，都可以归类为非商业性人类活动。在任何情况下都是如此，除非大量的人口对目标意愿有了需求，不然就不会有项目立项。总之，没有需求就不会有任何建造出现。

　　在建筑用语中，项目需求通常都是以简要的文件形式呈现的——项目计划任务书。计划任务书包括了特定项目的愿景、目标和需求。因此一份考虑完备的项目任务书，通常都包括了对功能、审美、社会、文化和其他目标的详尽描述，并囊括了全部的经营活动列表。设计说明和示意图能够表达出基本的功能和空间关系；并附带着房间、空间和相关楼层面积的需求（以平方英尺或者平方米来计量）；还会有特殊技术、装配和设备的需求，以及其他任何影响项目设计的规定。

　　一旦项目确定实施，设计过程就启动了，项目立项、资金到位，还要确认项目选址。下面的说明插图描述了建造的过程。该图并不是从建筑师的角度出发，而是从更宏观更中立的角度来演示，并非仅仅关注某一个特定的建造阶段。这个说明图是被简化过的，主要是为了便于大家理解，所以其所包括的步骤对于某些类型的项目可能未必适用。这个说明图也没有按照时间和活动持续时长的比例绘制，因为这些具体的时间分配是因项目而异、区别很大的。图解的主要目的是为了表达出建造活动的数量和彼此的互动关系。

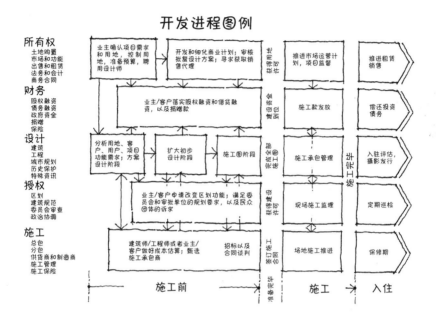

开发进程图例

建设用地

从项目需要的角度出发，按照规定选址。很少有项目能够在脱离选址条件的情况下得到详尽分析。然而，也会有些项目在选址之前就能做出合理评估，在项目需求得到确认前，对选址需求作出预见。建筑师的客户承担着项目开发的责任，需要在开建之前通过购买或者租赁的形式获得项目基地。也有些情况是，建筑师的客户已经拥有了项目基地，而且时间不短了。但是大部分情况都是：客户仅仅有一个申请土地的合同，建设量也不大，可能只是一个建筑改建的项目，也有可能是几英亩大小的一块土地。

选定的基地必须进行勘查和详尽完整的用地分析。调查需要记录选址的几何造型和所有的现状：红线、地形、制备、结构、附属建筑、通行权、路况及在基地内或者紧邻基地的设施。通过钻探了解清楚土壤和地震情况（岩石组成）以及水文特征。所有这些数据都是建筑师和咨询工程师不可或缺的前期资料。因为很多基地里都包括不适宜建设的区域，所以建筑师要发挥设计才智来创造性地利用土地。

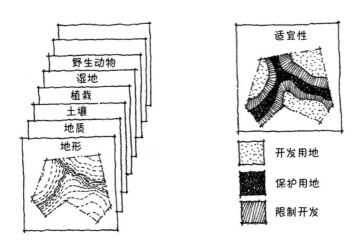

开发成本和融资

在项目需求和选址都确定下来以后，建筑师的客户必须开始着手组织所需的社会资源和专业人才，将概念转化为现实。最关键的资源当然就是用来支付所有项目开发所需的资金，包括：土地购置款；基地踏勘分析；建筑、工程和其他设计费用；法律和会计费用，项目管理费用，市场需求分析费用，融资费用和建设贷款的利息；广告、公关支出，出售、租赁费用，保险费用，以及所有建设的人工成本、建材和建造设备的费用。所有的建设都需要考虑这些花销，小到建造一个住宅，大到建造一个城镇。

项目款必须有能力支付所有的建设费用，这是诸多开发难题中最严峻的一个。没有资金，就什么都建不起来。通常有两种融资形式：股权融资和债务融资。股权融资就是风险资金，用业主投资的现款支付，资金来源于投资合伙人或者开发商股东。如果一个用于创收的项目最终失败了，投资的风险基金也会亏空而无法营建。

债务融资来自机构贷款人，比如银行、保险公司、养老基金、信贷机构，或者房地产投资信托基金机构。作为项目所有者和借贷者的业主，有法律义务在一个特定的时间范围内偿还贷款及附加利息，并需要以期票和抵押文件为凭证。出于借贷安全保障的考虑出发，借贷者通常需要抵押房地产（土地和所有物）作为担保物。专业术语"抵押"就是一种借贷，这种借贷需要房地产的抵押凭证。借贷通常通过抵押借贷商或者投资银行获得，它们分别作为中介和出借方。联邦、州、城市、郡政府有时候会直接放贷给产权所有者来开发特殊类型的项目，用于公益扶持，诸如低收入住宅或者用于创造就业的工业或者商业设施。

公民可以通过购买债券直接借钱给政府，这是通过州、郡和市政府发行的债券（译者注：在美国叫做 IOU，就是 I Owe You 的简写），用于不同公共项目的融资，诸如学校、医院、高速公路，或者其他基础设施。这些债券的利息通常都不收税。因为投资在房地产方面的基金通常都来自于个人存款，这些存款被委托给了借贷机构，所以最终是由市民来支持所有的个人或者政府建设用款的。如果人们不存钱，那就没有资金池可以贷款融资，也几乎不会有什么建设项目能够落实开展。事实上，75% 或者更多的私人开发项目都是通过借贷来支付运营的。因此，毋庸置疑，金融信贷在我们的经济系统里联系着整个的建造运作过程，并直接影响了建筑师的收益。

也不是所有的项目都依靠信贷市场。对于非营利组织开发的非商业项目，资金来自于捐赠：比如在筹款活动中承诺捐款的捐赠人，基金和机构的馈赠和资产出售所得，也可以来自政府机关的对应预算。

大部分的博物馆、演艺中心，政府机构和其他的市政建筑，宗教建筑，以及公共教育设施都是没有抵押融资的，所有这类项目的基金都是股份融资，几乎没有债务融资。

设计和设计许可

　　当业主费了九牛二虎之力将建设资金运行到位后，建筑师就开始研究和深化最基本的项目设计概念。对于有明确限定条件的设计，建筑师必须一直绞尽脑汁地思考成百上千种矛盾因素：详细的功能需求、场地条件、建设预算的限制，以及各种规范标准，还有客户的品位和艺术修养。一些规范条文，诸如分区规则、建筑规范、建筑用途和密度、建筑结构、工程系统性能、生命安全规章以及停车设计要求，通常都规定了在项目场地上的设计哪些是合法的，哪些是非法的。

因此项目设计会变得非常明确化，它们会被政府部门反复审核，要对最后的建造许可负责，业内通常称之为"建设授权"。

但是市民或者市政团体可能会间接地发问，特别是当建筑牵涉了公开听证会，受到了批评反对或者调整变化，就要考虑分区意向和总平面图的修改需求。市民们可能反对新的项目和环境的改变，原因错综复杂，担心的大都是：密度增加、土地消耗、建筑高度；是否有交通拥堵和停车不便，地产价值波动和社区性质的改变；基础设施是否会出现超负荷运转，公立学校在这方面尤其明显；新建筑对历史资源

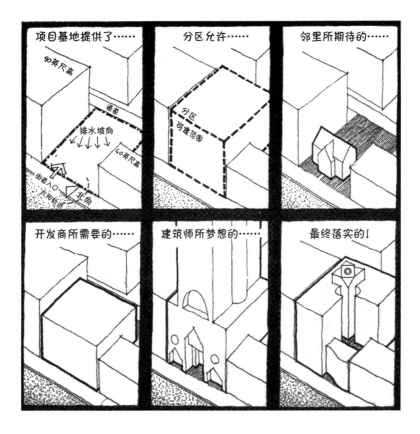

的威胁有多大；有哪些民众会反感建筑方案。还有可能担心一个项目
会将一个社区的性质改变，可能会引入一些不属于原有社区的人群，
这些新来的人群"非常不一样"，委婉地说，就是社区里涌入了一些
低素质的人。

　　基于以上的诸多因素考虑，负责发放建造许可的政府部门需要在
建造之前进行审核，这只是授权过程的一部分。在许多郡县和市政当
局，会有很多的审核委员会和听证委员会以及没完没了的社区会议。
每一个参与审核的个体可能都有自己特定的时间计划、操作程序和设
计标准。一般来说，获得授权的过程都是由团队合作完成的。这个团
队包括了设计师、业主、业主的律师和其他专业的咨询人员，诸如土

建和运输工程师、经济分析师，还有环境科学家。

获得项目授权需要牵扯大量的时间，必须有耐心去沟通，没完没了地和各方对话，需要具备强大的说服力和对发展走向的敏感度，这是非常大的精力投入。对于有争议的项目，拖延是常事，很多项目可能都会销声匿迹没有音信了，堆在建筑办公室的抽屉里，逐渐被人忘却。

工程师和其他的设计顾问

工程师在设计过程中扮演着重要的角色。建筑师对方案的深化是从建筑的三维几何体型来入手，结构工程师帮助分析建筑的荷载分布，包括结构骨架、基础、地面、墙面、楼面、屋面等；还包括特殊的构件、尺寸、材料类型和整个结构系统的连接细节。

相应地，一旦建筑师提供了初步设计、有了大致的方向，设备工程师开始设计建筑的供热、空调、通风、给排水和电力系统，最后完成建筑产品。

其他具有注册资质的调研人员会提供用地的地貌特征、边界退让、土壤特性等情况，建筑师据此设计初步的基地平面图，以供土建工程师们开始场地工作的设计、清理、开挖和地形改造等相关工作；还有路网、桥梁、停车场、人行道和自行车道的布局以及建造细节。雨水管理系统，包括排水口、下水道、检修口、泄洪管道、大坝、分洪区和洼地；供水和污水系统；以及其他的场地设备或者结构需要。实际这些工程需要严格基于拟建的地址、造型和建筑尺寸。在住宅和工业领域，有时候是土建工程师，而并非由建筑师或景观建筑师来准备最初的总平面图纸，所有的工程启动都要依据此图。

除了工程师以外，建筑师和业主通常还要雇用景观建筑师。有些景观建筑师擅长大尺度的项目（城市和郊区的总平面和交通流线，住宅分类布局，广场和公园），他们的设计服务与土建工程师和建筑师都有交集。但是很多景观建筑师也都是在做小尺度的公园和建筑景观设计。越是往园艺的导向上发展，就越注重在精致的设计上投入功夫：布局、装置、植物多样性（树木、灌木和地表植被），连同庭院水景、砌筑墙和台阶、栅栏、步道、室外小品和室外照明。建筑师可以要求景观建筑师提供一个基于建筑选址特点而设计的景观平面图，或者只是咨询最新的或基本的植物选配。尽管建筑师通常都能对整个建筑的选址布局做出基本的设计决策，但却很少有建筑师能够掌握所有的园艺和本地生态环境的知识，并对后续的景观细节化设计负责到底。

另一些专业通常都是为结构、设备、供电、土建工程和景观工程师做支援，辅助完成诸如剧院、学校、旅店、车库，偶尔还会有住宅，这些有特殊技术挑战的项目。比如声学工程师，控制声音的传播质量和声音的传播、反射和吸收。照明咨询师关注的是使用自然光源和人工光源来调节室内和室外的照明效果。他们关注美观质量、光照强度、灯具设置、环境分布，以及工作岗位的照明需求。还有一些顾问负责剧院、厨房、保健设施、安保、信息技术、标示系统和图形，建筑规范解读，以及生命安全系统。可持续性发展和环保顾问可以帮助项目设计团队优化建筑设计，达到更好的绿色节能效果，同时获得"可持续性认证"。无论是什么建筑，总是由建筑师负责协调，并要对设计顾问们的职能了如指掌。

最后是室内设计师或装修专业人员。从建筑师的观点出发，总是会和室内装修顾问在设计思路上有些许的冲突。几乎每一位建筑师都认为自己就是合格的室内设计师（有些建筑师其实就是指的室内设计师）。这是一个在平衡关系上并不恰当的指代，因为建筑师可以做室内设计，但是室内设计师却未必能做建筑设计。建筑师和室内设计师的争斗通常还体现在：建筑师认为室内设计师没有资格做影响结构系统或其他建筑系统的设计改造工作。

因此，对建筑进行改造的工作就自然而然地被认定是注册建筑师的职责，应该只能由建筑师才能合法地提供这种设计服务。通常都是由客户，而不是建筑师，来雇用室内设计师进行专门的室内装饰设计和陈设布置，并不对建筑进行改造。解决这种合作冲突的困难在于现在缺少相关的定义，来清晰地界定什么是建筑设计结束的阶段，什么又是室内设计开始的阶段。当然，两者展开合作，还是卓有成效的。

在特定的住宅和商业项目中，诸如办公建筑和旅店，业主通常都会雇用室内设计师帮助选择家具和室内装饰品、地毯、涂装颜色、墙面铺贴材料、窗口的处理、灯具、装饰小品，还有一些艺术品。现实情况是，建筑师的工作就截止在了建筑造型和空间设计上，这些设计成果成了室内设计师进行装饰面设计的基础。和其他任何顾问团队都很类似，室内设计师中也有天赋异秉和资质平庸之分，他们其中很多还是建筑师出身。对于建筑师来说，设计室内空间的最好策略就是坚决地抵制过度装饰，并且同时规劝业主，将室内作为建筑设计不可分割的整体一同考虑，实行项目整体设计。

你现在应该很想知道，在整个建造过程中建筑师和这些顾问们在法律和财务方面是怎样一种关系。大部分的专家都作为独立顾问的身份介入项目，或者由建筑师聘请，或者由业主直接聘用，或作为分包商。那些由建筑师雇用的顾问就为建筑师服务，并由建筑师支付报酬。这种合作关系可以给建筑师在顾问的工作和项目决策上提供更大的控制力，因为无论在设计方向上还是在薪酬费用上，顾问都必须依赖于建筑师，这明显给了建筑师很大的经济杠杆能力。

但是，建筑师就要在这些顾问的协助下，对工作承担法律和财务责任。因为从业主的角度来看，建筑师提供服务，业主和顾问团队之间根本就没有直接关系。而且也正是建筑师，而不是业主，来负责支付咨询服务费用。即便是业主无法支付建筑师设计费用，建筑师也要负责支付顾问团队的报酬。精明的建筑师通常都坚持：建筑师支付给顾问的报酬要取决于业主支付给建筑师的报酬。

当各专业的咨询顾问直接为业主服务时，建筑师就失去了对顾问工作的控制权。如果建筑师可以建立并维持和各个团队间的高效联系，这种合同关系可以对任何人都有好处。尤其对建筑师来说会更有利，因为建筑师并不用为其他专家团队的工作承担法律和财物上的责任，而且有些工作建筑师也无法完全胜任。咨询费用也是由业主来支付的，和建筑师没有任何关系。在这两种合作形式中，建筑师的职责都是协调所有的设计工作，通过使用先进的设计方法和技术支持，可以最大化地辅助开展工作而且也更可靠，尤其是可以借助当前非常高效的建筑信息模型技术（'building information modeling，BIM）。

　　有些设计公司合并了建筑和工程（A/E）服务，使二者可以在一个组织体系下协同工作。这些公司的员工可能不仅包括建筑师，还包括景观建筑师、城市规划师、室内设计师、结构工程师、机械和电力工程师、土建工程师，以及建造预算师。这些在同一机构内部的专家团队可以独立扮演自己的角色，就像是一个个独立的专业顾问团队一样。因为所有团队都是为一家公司工作的，所以项目的协调和交流就会推进得比较顺畅。当然偶尔也会有一些公司内部的办公室政治矛盾和关于项目控制力度的内部竞争。然而，对于业主客户来说，这种提供"一站式购物"般的建筑设计服务还是很有吸引力的。有些公司甚至还提供建设管理、市场分析、房地产项目的可行性评估策划服务，连同全方位的 A/E 设计服务，可能这种公司唯一不提供的也就只有融资服务了。因为这些公司的规模和跨学科服务非常有影响力，因此尽管美国最大的 A/E 公司只占到整个建筑公司数量的一小部分，但却承担设计了大部分的工程项目。

　　另一种类型的专业顾问合作形式诞生在最近的几十年内，这主要归功于互联网和强大的通信能力：远距离跨地域的建筑服务公司可以提供性价比高、节省时间的高质量服务。在中国、东南亚、印度、北美和其他地方的公司可以提供各种设计产品，包括渲染图、动画、施工图、数字化模型，这些公司的服务价格更加便宜，通常也比美国本地的工作速度快很多。一个在波士顿、纽约、华盛顿、芝加哥、洛杉矶或者西雅图的公司，在业务非常繁忙的时候，可以把数字化文件发送到地球上的任何一个地方。当外包的工作完成以后，远程服务的提供者可以将完成的图纸以数字化的形式发送回美国本土，本土就可以立即浏览、审核、打印和展示。当然，远程服务的提供者可能无法把所有事都做到完美，但是技术的革新正在不断地减少这种错误发生的可能性。

经纪人

有很多类型的经纪人会参与到项目开发中，这些中间人帮助买家找到卖家，更多的是帮助卖家找到买家。

抵押贷款经纪人帮助借贷者找到出借人。房地产经纪人帮助不动产所有人出售不动产，或协助土地开发者找到并获得地产的所有权用来开发。还会有其他的房地产专家们关注租赁，将店主房东（债主）和租户（承租人）聚集在一起，有些还会辅助资产所有人进行资产管理。

所有的经纪人和资产管理者都从所提供的服务里面获取报酬，通常是按照售出或者租赁收入的一定百分比进行抽成。建筑师通常都会对经纪人的收入感到惊异和懊恼：对于某些类型的项目来说，往往都能超过建筑师的所得报酬，但这些经纪人的服务看起来并没多大的工作量，也没什么工作难度可言，所有的服务流程也没什么财物风险。这种差异反映出，我们的经济体系对于每一种服务的价值定位，并不一定要和服务的成本挂钩。

律师

有些建设项目在法律操作层面相当复杂，这是因为业主构成、财务、监理之间的关系很复杂。从业主的角度来看，由合同所定义的法律关系和计划安排让开发的复杂度有增无减，这不可避免却又不可或缺。律师负责起草合同并提供持续的法律服务，在项目开发的每一个阶段处理商务和法律事务，特别是关于税务问题会有很多建议。有些律师工作非常高效，成为商业交易的促成者；但是另一些律师可能会拖项目后腿，成为商业交易的破坏者。不可避免的就是，建筑师除了要和自己的律师接触以外，还不得不和别人的律师打交道。

当项目启动，需要对土地用途分区进行更改时，律师通常在获得土地授权的过程中扮演着重要的角色。他们可能会确定获取授权的工作流程策略，管理专项研究的准备工作，在分区和规划委员会、城市和郡县委员会、官方审核委员会举办的公共听证会上发表声明。通过选举和任命公共官员来培养有利于自己的建言人和展开积极的策应行动，很多律师也会参与到幕后决策，可能是通过法律游说的方式来完成，这在获得政府认可时会非常奏效。

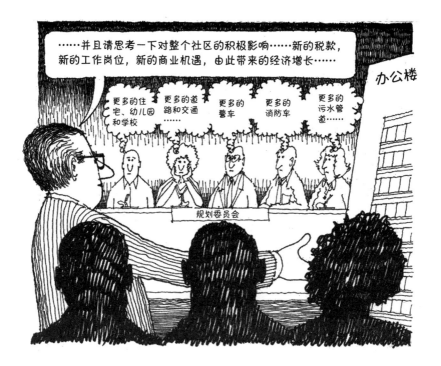

建造承包商和经理

在所有的合作关系和项目合同中，想要把项目成功地实现落地，最重要的一个合同是由业主与总承包商签署的。建造是独立开发的资金支出中最大的一个部分，包括了直接建设成本、土地成本、借贷利息等，这些可以占到整个开发支出的90%。支出费用包括建设费用、税费、保险费、市场开拓费，还有管理费。

建造承包商的角色是至关重要的，不仅因为这是整个项目当中最大的合同，而且还因为生产效率和建造质量会对项目的经济、技术和美观都产生重大影响。建筑师非常关注建造过程和由谁来执行建造。因为实现建筑师的设计并保证让业主满意的方法，主要依赖于建造者的施工质量。

建筑的施工绝不局限于围合一个纱窗、建一个露天平台这种简单的小项目，在总包商的基础上，还需要一些其他的建造公司参与建设。专业化一直在建造行业内有着自己的局限性。事实上，没有一个总包商可以完成所有的建造任务，哪怕只是一个中等规模的建造项目。因此总包商需要依赖于一个建造集体，这个集体里包括独立分包商，来完成特定部位的施工，或者负责建设工作的某一个阶段。这个集体还依赖于几十个独立的材料供应商，来提供建筑材料和各种施工设备。

比如，要建一个住宅，尽管一个总包公司可能配备有自己的监理、工种负责人和做工不太娴熟的工人，但是这个总包公司还是不可避免地要依赖分包商、专业技工和供货商，来共同执行建造合同、完成建设项目，这些项目包括：

- 基地清理和开挖；
- 基地设备；
- 石工；
- 混凝土；
- 给排水；
- 供热，通风和空调；
- 电工；
- 木材和木制品；
- 钢结构；
- 杂填土金属；
- 门窗；

- 玻璃装配；
- 屋面；
- 照明；
- 干、湿墙面作业；
- 喷涂；
- 瓦工；
- 楼面；
- 铺装；
- 景观。

对于更大、更复杂的结构，诸如办公建筑、学校、博物馆、艺术中心、医院，或者交通运输枢纽等项目，还可能包括以下工作：

- 基础支护；
- 钢材生产、车间制造装配和安装；
- 预制混凝土；
- 玻璃幕墙和临街玻璃窗；
- 直梯和扶梯；
- 专业供应商（安保系统、视听设备、标示系统）。

大部分的承包合同都是一种经济业务。承包商需要研究建筑师和工程师的项目图纸和设计说明，再将这些资料以电子文档或者打印的形式分发给有意向的分包商和供货商，这些人提交成本核算和竞标文件，在各自的工作范围内完成供应和装配工作。随后算上所有的人工和材料成本，再加上总承包商的管理费用和利润，这样就有了一个项目的建设直接成本总额。

有些项目的承包商会在早期的设计阶段就确定下来，并与建筑师、业主紧密合作，监控建设投资所需的大体费用，最后的建设合同根据最终完成的图纸细节来协议商定。因为承包商可以在早期就参与到控制成本的设计决策中，所以这种方式能够节约时间和节省投入资金。但是大部分情况下是根据业主的意愿，在众多的总包商之间进行竞标。尽管这个过程要比协商合同的方式消耗更多的时间，但是如果建设市场疲软，并且承包商非常有竞争力，又会在报价上心有顾忌，就能竞标报出最低的建设报价。精明的业主和建筑师所选择的承包商，通常都能在财物和技术符合要求的前提下开出最低的报价。

无论采用哪种挑选方式来确定承包商，最初报价的建设总成本通常都要超过项目建设预算。因为大部分的项目预算都是比较宽松的，建筑师、业主和承包商都会采用"工程经济学——最经济管理法"（value engineering，VE），这是一种削减成本的委婉说法。VE方法论涉及了结合图纸和设计说明对项目进行整体检查仔细核算建筑设计的所有细节。VE团队检索一切可能性：在可以接受的范围内，求得质量和数量上的削减、变更，以期节省资金并满足预算。但是又不会在项目的总体质量和价值上做妥协，这就是VE的意义所在。VE可以影响一个建筑所有的系统和材料，但是不会影响建筑的整体美观和造型。但是，如果成本有太多的超支，可能建筑整体就需要进行外科手术一样的修改。

一旦签订了合同，总包商就开始预定和购买所需的建筑材料，执行分包合同，组织和协调供货商和分包商，实际上就是把项目按照标价卖给业主。建造需要严格按照设计进行，这个设计就是由业主、政府部门、项目租赁人所认可的建筑师制定。就像所有的分包商和供货商一样，总包商的首要商业目的也是营利。

承包商的目标就是低买高卖，这会与建筑师和业主产生矛盾，后者的目标是从承包商那里获得投入的最大回报。这就是为什么项目业主、建筑师、承包商在本质上通常都是在各自为政，唯一能把各方联系在一起的就是劳务合同。建筑师要在保护业主利益同时，对承包商也不偏不倚。在实际建造过程中，建筑师的责任就是处理业主和承包商之间的争论，甚至有的时候是需要和承包商站在一起的。

有的时候，业主会雇用一名建设经理（CM），而不是直接联系总承包商。建设经理扮演着顾问的角色，主要负责竞标、监理以及发挥总承包商的协调功能，但是通常没有法律上的义务，同时也负责跟踪项目的合同规定价目总款。建设经理就像一个经纪人，从业主的利益出发与分包商和供货商协调，这个过程通常都要签署几十份分项合同。这种关系也并不总是对业主或者建筑师有利的。伴随着要执行大量的合同，管理和会计的压力就会大增，而且建筑师通常都被迫在建设过程中花费大量的时间用于协调和签署协议。而且，因为没有总包商对整体项目负责，很可能因为分包商的职责交接问题而导致项目陷入困境。

角色扮演

在建造过程中，不同角色可能由同一个人或实体扮演。比如，作为建筑师的业主可能扮演总承包商。建造住宅或者商业项目的开发者可能还有自己的建造部门、设计部门、财物融资部门、房地产融资部门、资产管理部门，或者会计和法务工作人员，这样可以让众多工作在一家单位内部完成。另一些开发商实际上都是一人管理众多项目，他们靠一些先进的无线通信技术和数字化设备来操作运营；还需要有一个数据库来管理大量有信誉的分包商、供应商和咨询公司；这种开发商也许本金最小但负债颇多。

类似地，建筑师也可能跳出设计角色，通过购买资产、筹措资金，进行建设和再开发，然后出售或者租赁来获取利润。同时和公司企业家一样，建筑师也能担任开发商和借款人、承包商、市场运营人

左右脑协同工作的新规划项目

开发商　　　　设计师　　　　金融家　　　　政府官员

和投资者，同时还兼有设计者的角色。各种角色都必须有人扮演，每一个角色都需要出色的专业知识和技能。同时，在扮演多种角色的过程中，利益冲突是不可避免的，比如建筑师兼任业主的总承包商，这曾经被 AIA 认为是不道德的。当今，建筑师的财务利益关系透明化，可以缓解各方利益冲突，并满足道德标准。

　　所有的资源到位以后，建筑项目才能开工：必须有足够的资金落实到位；资产所有权完成确认；建筑和工程设计文档完成并且得到认可，建造许可证必须已经拿下；建造合同已经协商签署完成；保险已经缴纳；贷款出借人关于预租和预售的要求可以满足；其他琐碎细微但是必不可缺的任务必须已经完成。除非所有的建设需求都已经得到了确认，否则是不能开工建设。开工以后的停工也不罕见，有些甚至是无限期的搁置，因为其中的一些必备条件难免会有变数。建筑师有很多存放在柜子抽屉里的图纸、电脑中的电子文件，甚至全套的施工文档，但这些项目可能从未开建，或因为财务状况不佳，或因为区域功能改变被拒绝，或因为资产所有权不明确，或者市民发起的法律诉讼一直纠缠了开发商很多年，种种因素都会导致项目开建延迟。

　　建造周期可以持续几个月或者几年，这要基于项目的规模和复杂程度。住宅改造所耗费的时间可能和重新建造一栋新住宅或办公建筑一样。可能因为工人罢工，材料和劳动力短缺，天气不佳，无法预料到的地基下层土条件，设计的错误或者变更，资金短缺，或者不理想的建造计划而导致施工延迟。有些项目，比如医院、大学校园、交通运输设施，看起来都好像一直没完没了地建造着。在建设过程中，建筑师的角色从设计转变到详解说明设计和变更、审核，以及批准制造图纸，周期性地实地考察承包商的工作和进度，参加建设现场会议，偶尔和拥有整个项目监管权的监管人开会，周期性地与业主互动。

用户和社群

最终的使用者一般不会和主要开发过程的参与者有合同关系，但是最终的使用者却是建筑师的真实用户。他们是建筑的最终消费者，社区的人们最终看到的、喜欢的或不喜欢的、占用的、居住的，在竣工的建筑中亲历游走。另外，周边社区的人们也会来访、购物、工作，或者居住在建筑里。对于建筑的设计者和建造者而言，大众就是投票的选民。建筑规范和区域法保护的是大众，而不是保护建筑师、业主、建造承包商，或者出租人。

很多使用者和社区居民都非常关心建筑，关心它的外表、功能和与周边的融合度。建筑的设计和建造过程会尤其引起与之紧邻的周边人群的关注。他们很关心新建筑是否会对已有建筑的视野、隐私、日

照和微气候，以及本地交通和停车有负面影响。有些人可能会对经济影响和外观风格有顾虑。这些关注远远超过了分区条例和建筑规范的限定范围。市民们所关心的这些问题被视为项目周边人群的最低要求，这些要求必须满足，否则建筑师将无法受到公众的认可。

　　因此，负责任的建筑师们通常考虑到，会有大量真实存在却并没有支付过设计费的客户，隐形地坐在自己的办公桌前，这些大众的利益必须得到满足。即便没有和社会大众签署设计合同，但那些被无视的用户，被轻视的社区居民，或者愤怒的邻居可能会不断地争取自己的利益。他们会组织抗议，传播负面的公众舆论，拒交租金，甚至诉诸于法律手段来谴责建筑师、开发者和建设总承包商。不要忘了，最终的使用者是公共大众。最明智的做法就是，每次坐在设计会议桌前讨论项目，都不要忘记那些虽然无形但却在场的用户代表和社区的邻居们。

9 建筑师是怎样工作的

AIA 将业主和建筑师之间的协议标准化，使用了简洁凝练的词汇和分类图示描述了建筑师的服务和职责。理想情况下，只要阅读服务说明就能帮助我们了解到建筑师在做些什么工作。本章会简单介绍 AIA 的文件说明，帮助大家了解建筑师的标准化服务包括哪些内容。

一个项目的基本建筑服务包括五个阶段。建筑师的工作在每个设计阶段都可以精确表述。这几个阶段既相对独立，又在时间进度上有所重叠，特别是前三个阶段。

阶段一，方案设计（schematic design，SD）：分析业主的项目功能、场地、基地环境以及成本预算；功能关系示意图；初期手绘草图和设计理念；概念化的基地平面图，体量研究展示，初期的建筑平面图、剖面图、立面图、透视图；概念化的实体和数字化模型；设计说明大纲和建造成本的初期预算。

阶段二，扩初设计（design development，DD）：对方案设计进一步深化；明确项目规模，几何造型和建筑的表达特点；完善主要的标注，初期的技术系统和建筑材料；更加精确地勾画出基地平面图、建筑平面图、剖面图和立面图；建成后的效果图；更精确、更大比例的实体和数字化模型；最新的设计说明大纲和建造成本预算。

一般情况下，业主会将建筑师准备好的方案设计和扩初设计的文档资料，作为申请融资或者申请区域变更调整时的投标文案。与之相似，业主通常也会把方案设计和扩初设计文件向市民团体和那些对提案项目感兴趣并持续关注的记者展示。

阶段三，施工图设计（constructed documents，CDs）：最终的工作图纸和设计说明（模型和数字化文件），用来描述一个工程的细节；准确的建筑几何造型和标注，所有的建筑材料和成品装饰材料，所有关键的建设装配细节，以及用于获得建设投标和政府机构发放建造许可审核的必备建设文档。

阶段四，投标洽谈（bidding and negotiation）：在施工图设计过程之中和完成之后，辅助业主寻找、筛选和选择合格的并且有兴趣参加投标的建设总包商；在评估和投标阶段回答总包商的问题；审核建造投标；建造可行性评估和为了满足成本控制目标而进行的图纸和设计说明修改工作；帮助洽谈最终的建设总价和合同协议。

阶段五，建筑管理阶段（construction administration，CA），代表和协助业主管理施工合同，包括回应建设承包商的项目信息需求；发放获得认可的设计变更指令；检查制造商的车间装配图纸；选择颜色或者其他的之前没有规定的部件；周期性地进行工地寻访，检查承包商的工作；准备工地现场报告和完成工程竣工前最后的审核目录；检查并认证承包商的付款请求，在承包商和业主之间调解矛盾。

除了这五个阶段以外，AIA 合同还描述了其他的服务项目，通常都不包含在最基本的服务范围之内，这些服务在业主需要和建筑师认可的情况下才提供。其余的服务包括了经济可行性研究、细节大样成本评估、室内设计（家具和布局）、测量和记录现有结构用于竣工图纸，获得能源环境设计领导认证 LEED，或者其他的可持续发展认证，以及其他的远远超过基本建筑设计工作的特殊设计或者工程咨询工作。

这些服务统计大都是按照时间顺序进行的，从最初的建筑概念推敲，到绘制需要建造的内容，到最终的项目管理实施。大部分的实践建筑师从事的工作就是这些。但是这种服务定义所描绘的概念相对来说，是非常粗线条的轮廓，也不能精准地定义建筑事务所里的真实情景：每个小时都在做什么，每天、每周，一直持续在做的都有哪些具体工作。它既不能讲明白建筑事务所的组织结构，也不能说清楚出项目是如何管理的。

想要理解建筑实践的真实本质，就需要考虑到所有建筑组织活动的普遍共性是什么，无论项目大小，私人或者政府的，国内或者国外的。下图能够展示出建筑实践的功能安排和任务特点。要想把这个图示的重要性和活动分类全部讲明白，需要做一些解释。

手绘和数字化绘图

绘图指的是设计的图形化表达，无论是徒手在纸面上绘制还是在电脑屏幕上通过数字化工具绘制。每一个特定的设计阶段都有不同种

建筑实践日常任务 主要功能	每项任务标准的时间需求量				
	绘图	写作	阅读调研	会客洽谈	计算
运营办公室					
客户关系市场公司管理	·	██	██	██	▬
设计项目					
项目管理	·	██	██	██	▬
方案设计	·	██	██	██	▬
扩初设计	██	██	██	▬	██
施工图回执	██	▬	██	▬	██
设计说明	·	██	██	▬	▬
咨询协调	·	▬	▬	·	▬
成本分析	·	▬	▬	·	██
客户展示	▬	▪	▬	██	▪
政府审核	▪	██	██	██	▪
施工项目					
投标和价格洽谈	▪	▬	▬	▬	██
合同管理（办公室）	▪	██	▪	██	██
合同管理（现场）	·	██	·	██	██

· 几乎没有　▪ 少量　▬ 中等数量　██ 大量

类的建筑绘图，徒手描绘的概念化图纸，可以草略、快速、图示化、抽象地表达设计理念。可以灵活地应用软铅笔、马克笔、碳棒、粉笔，或者彩色铅笔，同时配合价格便宜的黄色或白色的卷筒复印纸，这种纸可以让之前的绘图一层层地叠加在一起，能够很方便地得到绘制的设计造型。

在这个阶段，设计师的主要工具是用来测量尺寸的建筑比例尺。如果只用三件工具来配合这个阶段的建筑设计工作，那就是铅笔、纸张、比例尺。即便是在探索一些不确定的概念，无论是徒手还是数字化绘制，优秀的设计师都可以按比例绘图。为了进一步探索设计理念，建筑师也制作简单的、小比例的研究模型，可以用纸板、木头、塑料泡沫，或者黏土来快速成形。小型的、抽象的模型，虽然只有几英寸[①]高，但也能非常方便地捕捉到和传达出某种重要的设计理念。

当方案设计被业主认可以后，建筑师可以继续细化设计、深化设计模型和图纸，这要比方案图纸更准确，比例也更大。但是几乎所有的深化模型和图纸都是数字化的。数字化模型的搭建非常耗时，但是一旦搭建完成，就可以非常方便地观察、研究、操纵，也可以进行方便快捷的修改。一旦设计思路明了，这些由设计概念推敲出来的数字化模型就可以作为进一步深化的 BIM 模型。

同时，数字化模型可以生成很多类型的图纸。这些图纸可以被打印和渲染，随意地调节色调、材质、阴影、颜色和不同的线型。还能够灵活地生成透视效果图、轴测图、正投影视图（包括平面图、剖面图和立面图），可以通过投影打在屏幕上或打印出图，供会议审核讨论使用。这些图纸向非建筑师的人群传达了非常形象化的设计思路，并能非常自然地创造出一种积极互动的讨论环境，以达到说服的目的。通常还会在随后的几个设计阶段不断地更新图纸，甚至在竣工以

---

① 译者注：1 英寸 =2.54 厘米。

后还要制作展示图纸。在建筑事务所,大部分的图纸绘制时间都花费在了用数字化模型继续深化施工图细节的阶段里。

创建施工图文件是最费时费力的劳动密集型工作,有时候也是建筑师工作中最枯燥乏味的阶段。它需要建筑事务所内大量的协调工作,这个过程需要数据库管理软件的辅助。在概念设计阶段,只要两三名建筑师就可以带领设计团队完成项目工作。但是几名建筑员工可能要在电脑前耗费数个月的时间,才能完成达到建造许可、投标和施工要求的数字化模型和所有的细节。工作图纸的数量,对于小规模的项目来说可能是 10~15 张,对于大型项目则可能需要几十张,还要加上所有其他的工程、技术图纸,这会大大增加建筑图纸的数量。

接下来我们列出的图纸类型目录还有绘制内容,可以基本囊括一栋完工的建筑所包含的建筑图纸。

前言表:地理区位;分区规定;建造规范标准;投标书名称;总包商和分包商的注释说明;简称列表,标注建筑材料的图形标示。

总平面图:区位和建筑占地范围,还有其他的结构(比如保留的墙、桥);地形和分级;冲刷侵蚀防护;地基的地面高度控制;雨水管理系统;铺装;景观。

建筑楼面平面图:区位,布局,确定标准,水平标注,所有级别的空间、房屋和走廊的材料注释,房屋,走廊;室外和室内墙面的划分;柱;门、窗。还包括其他墙面开孔;内嵌柜橱、设备和器械。

建筑剖面图:纵贯建筑结构,在合适部位设置剖切面,可以展示屋面和楼面结构以及超出剖切面的结构元素;室内空间、房屋和走廊;室外和室内墙面划分;门、窗和其他墙面的开孔和划分;吊顶;室外立面及相关的楼面标高;外加所有必要的垂直尺寸标志。

室外立面:所有建筑室外的正投影视图,展示整体建筑造型和体量;区位、造型、门窗以及其他开口的可视化细节;外立面装饰元素;可见的装配节点;建筑类型、样式和颜色。

方案设计

开始
- 项目调研
- 基地
- 客户
- 项目
- 预算
- 规范
- 历史先例

概念示意图（比例增加）
- 基地概念体量概念
- 平面和剖面概念
- 意向/立面
- 功能布局

基本概念设计草图（比例增加）
- 基地总平面图
- 楼层平面图
- 剖面图
- 立面图
- 透视图，轴测图

扩初设计

最终方案精确绘制（比例增加）
- 基地总平面图
- 楼层平面图
- 剖面图
- 立面图
- 透视图
- 轴测图
- 标注墙身剖面图
- 结构/设备图表

细节大样草图

施工图

项目：学校

空间/活动	● 面积	● 特殊需要
教室.	8 @ 900平方英尺	宽松，明亮...
音乐室.	1 @ 900平方英尺	声学，靠近艺术室...
艺术室.	1 @ 1200平方英尺	天光，布告图表板...
食堂.	3000平方英尺	舞台，通风...
行政.	1500平方英尺	靠近入口，安全...
卫生间.	4 @ 400平方英尺	所有瓷砖，窗户...
储藏间.	1000平方英尺	区分隔间...
设备室.	1200平方英尺	远离音乐室...

方案A　方案B　方案C　方案D　方案E　方案F

方案M

面砖
混凝土块支撑体
1英寸间隙
2英寸刚性保温层
砌体结构连接件
钢筋混凝土梁
通体墙面防水板
座角钢
排气泄水孔
铝制窗框
保温隔热玻璃

防水板
垫瓦条
5层垫层屋面
刚性保温层
钢筋混凝土楼板
送风口
日光灯固定槽
吊顶

室内立面：可以展示可见墙面、区分关系，或者室内空间和房间其他表面细节构成的正投影视图，诸如入口大堂、浴室、厨房、图书馆、教室、报告厅、画廊、剧院、舞厅和音乐厅。

顶棚反向图：包括了天花板和天花板表面，看起来好像是从楼面上的镜子里看到的反射图像，展示了声学吊顶板材的分隔方式，或者其他的天花板饰面样式和材料；暴露出的结构元素；天窗；高空走道；电灯装置；采暖通风与空调的管道系统；暴露出来的管道布局；喷淋嘴。

细部大样图：大比例的，标注了尺寸的平面、剖面和立面，展示装配操作中所有必要的建筑细节和组件，诸如窗户如何嵌入墙面或者是栏杆扶手如何与楼面相连接（结构、机械、电力工程的细节都是由咨询工程师来提供对应的图纸）；楼梯和楼梯间围合；直梯和手扶梯的加工处理；室内的柜橱和加工；内置的室外或室内装饰物；还有其他建筑组件。

明细表：展示了门窗的类型、尺寸、位置、数量及其他的关键属性；初制和完工的五金部件（比如门的锁具和铰链）；室内墙面、天花板和楼面的材料和完成饰面；电气设备；灯具；上下水装置；以及各种不同种类的物件。

在一套完整的施工图中，建筑图纸最终由工程师们深化完成，需要能够展示清晰：所有场地工作的完整设计，一个建筑的结构、机械、给排水和电力系统的完整设计，还有在建筑内部其他专业系统的完整设计。建筑师不但要一直使用数字化模型检查自己的工作，还需要同时和项目中其他建筑师互相配合，以保证所有的建筑构件表达专业、正确、标注连贯一致。这样才可以保证没有任何关键部位的组件在图纸中被遗漏，并确认这些组件在建设现场装配过程中就像它们在数字模型中组装的一样准确无误。所有的部门都使用同一个数字化模型和通用的设计数据库——BIM，这会让协调工作变得更简单、更可靠。

　　工作图纸通常都有注释说明，这是建筑设计图纸中的必备组成部分，用来解释和说明那些图示表达不了的内容。它们定义了组件和材料，或者给承包商讲解如何根据注释说明和参考施工标准来操作特殊的施工作业。比如，一个注释标注了材料需要使用混凝土，另一个注释就要说清楚如何在使用之前进行混凝土搅拌测试。通常这些注释都包含在手写或者打印的说明书里，这些说明书与建筑图纸是分开的。

　　因为过去需要在图纸上手写标题和注释，所以要求建筑师掌握手写书法技能。经过很长时间来练习手写字母，尽力写出造型优美的 S、B、R 或者 M，以便其手写字体更利于辨认。但是对于这种技能的需求逐渐消失了，因为建筑师现在都是直接通过电脑输入图纸标题和注释了。

　　公司为了提高生产效率，至少会在一个领域偏好雇用那些工作高效的员工。因为公司员工的时间其实大部分都消耗在了复杂的数字化模型构建和施工图绘制上，所以公司更愿意雇用那些对 CAD 技术纯熟，并且有一点建造知识的建筑师。一到两个高级设计合伙人负责提供最基本的设计理念，随后就是几十个初级合伙人、合作伙伴和员工级别的建筑师在电脑工作站上开始繁忙的工作。因此除非是小型的建筑公司，大部分被雇用的年轻建筑师都很少有机会接触到概念设计，而是更多地忙于深化设计和施工图设计。尽管在事业的前期阶段，确实有必要花上几年的时间学习施工图的细节设计，虽然这可能并不是你人生之初的抱负所在。

　　但是，有时候，那些在设计和图形上表现出异常天赋的年轻建筑师也会被雇用来处理项目的理念表现，从而成为概念设计师。他们主要关注于方案设计和项目深化设计阶段，他们可能几乎没有机会学习如何制作施工图的技术细节和设计说明。如果一个实习生非常擅长于制作漂亮的草图和展示图，公司可能会一直让实习生做自己最擅长的工作。还会有其他的年轻建筑师发现自己有很好的人际沟通能力，从而更倾向于成为"工地现场型"实践者，这让他们在与建设承包商打交道的过程中非常高效，很善于解决工地施工问题。这样的建筑师也几乎就不再画图了。

手工或数字化制作的实体模型

无论项目规模如何，大部分建筑师在设计过程中都要使用按比例制作的模型，特别是用于在方案阶段和扩初深化阶段做研究的实体模型。实体模型大大帮助了建筑师将设计以三维可视化的方式展现出来，以供推敲并作出设计方向选择。这样的模型也大大帮助了业主，因为他们其中有些人很难看得懂图纸，也几乎无法靠想象来理解一个设计。作为建筑学专业的学生应该非常清楚，制作方案的对比推敲模型是非常耗时间和耗体力的，项目的复杂程度和模型尺寸也差异极大。任何人都会非常享受使用自己的双手进行创造，从精心的手工制作中享受着快乐，这些人都会是非常好的实体模型制作者。无论制作得多快或者多细心，模型制作都要求制作者必须要有耐心，稳健的双眼和双手，对边、线和连接点有特别的关注，对胶水和刀具的使用都手到擒来。

精密的电脑控制的机器让实体模型的制作更加简单并且省时。一旦通过数字化的技术勾勒描绘出设计意向，这些机器人一样的设备可以分析和制作相对复杂的模型。激光切割机和三维打印机可以创建材料的薄切片，一层一层地输出，随后这些薄层可以层层叠加生成一个复杂的造型。铣床可以处理大块实体模型材料，用于生成一个大型模型中传统方法不好制作的部分。

有些公司有自己的模型工作室，指派那些相对年轻的、公司内部的建筑师或者专业的模型工人来制作实体模型，以供研究或者公共展示。但是很多建筑公司也和专业的模型制作公司签订合同，这些公司的主要业务就是为建筑师们制作大型的研究模型，特别是一些细节大

样的展示模型。这些模型通常都是为了展示项目的最终设计效果，大都有非常精细的细节和内部灯光效果。有些模型可以局部拆解，或者有可移动的部件，一窥模型的内部效果。

　　建筑师也要建立数字化的可视模型，这样就不再需要手工推敲了。生成一个电脑模型要比手工制作一个真实模型更节省时间，尽管数字模型本质是以二维的形式展现在电脑屏幕上的，并无法达到一个用真实材料制作的实体模型所能展现的触觉质感。但是，电脑模型是非常重要的。高级的模型软件可以生成没有任何限制且表达准确，可从任何角度观察的透视图。通过数字模型能在可视化窗口中为每个元素指定特殊的属性，无限地调和颜色、样式、材质和材料，包括玻璃等透明物体在内的所有表现元素，因此数字化模型能生成设计效果非常真实的影像。

同时，数字化环境可以模拟一天中太阳的变化位置，一天的特定时间，一年的某个季节，允许建筑师在多种室外天光的环境下对项目开展研究。灯具属性可以测试不同的照明方案。照明可视化程序也可以显示反射效果、光影变化和阴影投射。建筑师可以展示和操纵真实的项目环境，还可以在数字化模型中加入人物作为参照。设计者可以将项目置于真实的或者想象的环境中，添加或删除其他建筑、景观、人物、家具，或者机动车辆。

多亏了巨大的 CAD 存储技术和高速的电脑处理器，设计师可以利用数字化模型制作动画、创建视频，模拟在建筑周边漫步，或穿行建筑其中，甚至凌空飞跃鸟瞰，感受环绕建筑和周边环境的体验。你可以步行游览，或坐在轮椅上，也可以骑着自行车或者坐在车内，还能在飞跃头顶的飞机里，通过任何方式、以任何运动速度游览项目，还可以添加声效。缩放功能可以让我们近距离观察，或者远距离改变透视角度。你可以通过数字化模拟穿越整个建筑综合体、自然和人造景观、社区、村镇，或者城市。

写作

从前面的图表中看来，在建筑实践中有大量的任务几乎不涉及绘图。

虽然建筑和图纸打交道很多，但是也很明显，所有的任务都需要写作、阅读和口头表达，这些基本的语言技能对于建筑师来说是至关重要的。不过让人吃惊的是，很多毕业的建筑师刚进入建筑公司的时候，他们大部分的时间都花在了回复无数的电子邮件、整理备忘录和与业主、工程师、产品制造商、政府部门的书信往来中。建筑师会在自己的草图上写下注释，关于设计理念和辅助绘制施工图的说明。有管理责任感的建筑师会亲自撰写文案、合同、证明、宣传文件，还有推荐信。有时候还要为公司准备和发布冗长的报告。

设计说明应该是建筑实践工作中量最大的写作任务。对于新建筑师来说，一套施工图说明书真的是让人有点望而生畏，不仅是因为数量庞大，更是因为晦涩难懂的内容和很多规范条款的设计要求。很多术语和法律措辞看起来都好像根本就没什么必要，当然，大部分其实都是标准化、公式化的模板文件，可以应用于很多类似的建设项目中。事实上，大部分的设计说明，也仅仅是把之前已经使用过的设计说明重新改写，针对手头的项目再重新编辑一下而已。

在设计说明里，要指定所有的材料、设备、家具配备和其他包含在建筑物内部的产品，定义它们的类型、生产商、尺寸和性能特点。比如，说明了某种可以用在建筑钢结构中的木材或钢材的类型，建筑基础的混凝土类型，或者外墙砖的类型。建筑师撰写的设计说明，和主要的建筑产品分类有关，比如砖石、金属、玻璃、木工、抛光面层；而工程师撰写的设计说明，则与结构、机械系统有关。

对于任何一个项目，建筑师负责的设计说明，必须从参考集中删除不适用的或者淘汰掉的条款，修改不能删除的条款来匹配到新的设计中，还要添加在参考集中没有收录的新的说明条款，以适应新设计的需要。撰写设计说明的挑战之一就在于，需要确定有多少设计的细节应囊括在设计说明中，因为最终的说明太多或者太少都会给建筑师带来麻烦。设计细节太多就会增加无谓的成本；但太少又会在质量上达不到要求，或者因为说明解释得不够清楚而产生争执。只有亲身写过设计说明，并经历过建造过程管理，才能让建筑师真正学到应对这些挑战的必备知识。

项目失误而导致的建筑追责，大部分都是在项目的建设过程中，同时也会有可能是对现场设计的理解错误。因此有法律意识的建筑师都会建立手写备忘或者数字化的项目追踪文件，用来记录一个项目从头到尾的交流历史和决策文件，包括会议纪要、电话记录、电子邮件、口头协议，以及交流传输过程中得到确认的过程文件。全面记录的文件很难全部攒齐，因为大部分情况下，建筑师都宁愿用画图和设计来表达，而不是通过写作来表达。一定要认识到：能够合理说明，把细节表达明晰，并带有一点点记录强迫症，是非常宝贵的。

在项目进展不顺利的时候，一个详尽的记录追踪档案可以帮助建筑师免责。所有的信件、踏勘报告、请求信息答复、工程变更通知单、支付凭证，一定要在起草时就对可能发生的法律诉讼纳入考虑范围。很明显，建筑师都非常在乎自己的表现，从不允许出现任何错误，无论是口头还是书面的。同时，和撰写设计说明很相似，起草一份书面记录时，也必须清楚什么该包括，什么又不需要包括。

对于实践建筑师来说，最大的挑战和最重要的写作任务并不是项目文件，而是要准备大量的关于市场、客户合同和公共关系这些方面的文字内容。公司负责人要耗费大量的时间来准备宣传文档，以供投标展示、网站建设、作品集更新，用于展示公司的设计项目，或者解释和评价自己的设计理念。和大部分的技术协作不一样，这些档案文件一定要简洁扼要，但有时候要稍微有点小文艺，需要在修辞上做到恰到好处。为投标演示文档而准备的文案尤其重要，在重要内容中哪怕只是很简单的语言措辞，都可能会说服或者阻碍一个潜在的客户继续合作。

阅读和研究

建筑师要阅读大量的来信、网页、博客、纸质备忘录、杂志和专业期刊，就和任何一个身在商界的人是一样的，每天都要有信息输入。他们也要阅读和分析合同、研究报告、参考书、分析建设规范、产品目录和说明书，并经常上网搜索信息。他们必须仔细阅读、全神贯注。如果不这么用心就很可能会招致法律、财物和专业上的失误。而且，建筑师还要保持有规律的阅读自学习惯，以保证不断地自我教育，开拓视野，挣点持续教育的学分。大部分的人都想知道在自己的专业圈子里正在发生着什么，希望与新项目、新理念、新趋势、新法律条文和规范，以及新的建设产品保持与时俱进，步调一致。为了能够让社区的市民更加活跃主动，建筑师也必须时刻关注地方媒体，不仅仅是关注时事新闻，还要了解在自己社区内会有哪些潜在的项目正在策划过程中。

会议与对话沟通

　　会议讨论意味着要参与大量的口头交流，用于及时传达设计概念和项目信息。

　　就像你会非常惊讶于写作会消耗大量时间一样，你也同样会惊异于自己投入在会议讨论中那数不尽的时间：和同事、业主、顾问、公共部门官员、委员会和董事会、制造商代表、律师、会计、保险代理人，还有银行家，建筑师身处于一个复杂的人际沟通网络中，会议在建筑师的工作中简直就是家常便饭。总有那么几天会让建筑师觉得所谓的建筑实践，应该就是"没完没了东拉西扯杂谈会"。

　　最重要的会议讨论就是：建筑师在会上要开始推销自己设计服务的时候，试图获得商业合同并保证设计佣金，随后就是对业主和评审机构推销自己的设计理念。这需要你具备说服和协商能力。能够让别人信服你的知识、才能、信用，甚至你能讨人喜欢，这都是必不可少的能力。事实上，演讲功底对于建筑师来说真的是至关重要，这话绝不夸张。因为建筑师一定会经常站起来在一群陌生人面前，发表十分有说服力的讲话。一些世界上最成功的建筑大师们，尽管演讲风格不一，但绝对都是讲坛上的明星。他们非常有同理心，能够调动听众的共鸣，并且非常具有个人魅力，善于表达，极富诗意。搭配着演讲词和肢体语言，他们可以和观众紧紧地连接在一起。

一流的口才也对与建设承包商的交流非常有益。这些承包商很多都是非常难对付的谈判专家，他们经常认为口头攻击那些寡言少语的建筑师们也没什么大不了的。建筑师需要花费大量的时间在施工现场交涉，包括和建设项目经理、监理分包单位的工长针对价格讨价还价，对设计意图和图纸设计说明不停地解释，规划进度安排，对额外费用和超支进行沟通。毕竟，所有的建设质量和工艺都是由建筑师设计的。在这些情况下，没有注册但却非常机智的建筑师是最有效的，因为他们不自大也不傲慢的脾气很适合与人沟通。

精打细算

精打细算，指的是对很多不同类型的账目和数学运算的处理，这些在实践中都是建筑师必备的技能。公司财务管理的会计工作包括跟踪工作完成情况和消耗的工作小时数，客户发票和收取费用，支付薪酬和其他的开销，以及维持足够的工作资金储备用来弥补收入和支出的差额，因为支出经常都是超出收入的。这就需要用心及时记录，通常是每个月记录，更新可支付（公司欠的）和可收取的（公司被欠的）费用。

另外，在有很多图表的核算中也要具备良好的计算能力，其中涉及项目设计的大量内容：建设成本预算；建设投标；功能空间、建筑面积和尺寸；分区、场地，以及建设规范参数，包括面积、退让间距、建筑大小和高度、占地指标和消防通道；特定构件的数量、尺寸和成本；细部做工的建筑尺寸；确认分析 LEED 所得到的评估点数；以及在工程设计中，施加在工程系统上的荷载类型和强度，包括结构荷载、取暖和空调荷载、通风需要、供水和污水排放、电荷载、填挖土方量。尽管顾问工程师可以处理大部分的细节计算并给予分析，但建筑师仍然要能理解工程师在做什么。在诸如个人住宅这种简单的建造类型中，建筑师可以使用参考表和简单的公式，自己做结构设计。

建筑师的乐观往往会导致在初期预算时就或多或少有瑕疵，因为建筑师在评估和理解设计方案最终造价方面，能力是有欠缺的，这是业内人尽皆知的。一部分原因是建筑师不太情愿确认一个相对准确的建设成本协议。如果他们确认了，可能就要有义务重新设计、绘制项目图纸，这很可能会导致建筑公司在这个返工过程中破产。谨慎稳健的建筑师会尽自己的最大努力来估算建设成本，从保守角度出发，期望与投标的造价相吻合，或者低于预期的估价。同时，精明的业主应该增加一个对建筑师估价的应急措施，无论多么保守，至少需要有一个应急计划。业主为了让设计成品性价比更高，就会给建筑师施加一些压力，尽量提供物美价廉的设计方案。

客户接洽

客户交流是建筑师实践中最重要的交流。设计团队会周期性地和业主讨论设计概念并审阅项目进度，关注设计方面的重要决策。这通常会发生在：当有新的概念产生，同时也有新的矛盾出现的时候；当采用标准做法或者更改技术策略的时候；当预算的实际情况和工期有冲突的时候。实际上，建筑师和客户之间这种交流互动能够把计划的日程安排更好地协调到位，重新调整日程，使其变得更可行。

身在大公司的实习建筑师，经常抱怨自己总没有机会直接和公司的客户接触。他们可能因为级别太低而不能参加客户会议。实际情况也确实如此，可能出席人员仅仅包括一个高级合伙人、一个设计合伙人、一个项目经理和一个项目组长，这就已经让办公室拥挤不堪了。如果老板觉得某个雇员难登大雅之堂，这多半是考虑到雇员的语言表达能力和着装仪表比较欠缺。一些客户更愿意与公司的名义代表交流，尽管这种角色的项目主管在项目中几乎不参与什么工作。或者也可能是因为公司内部的相互猜忌、竞争对抗，甚至有个人之间的恩怨。建筑师之间可能会感到被其他同事威胁或恐吓，这多半是因为不同人在技术、天赋和个性上的差异。

但是在几乎所有的小、中型事务所，高级和低级的建筑师都有机会经常和客户做常规互动，很大一部分原因是因为年轻的建筑师可能会更多地参与设计任务。这实际上也是在相对较小的公司里工作的明显优势。无论规模有多大，负责任的公司都应该确保它们的实习建筑师有机会会见客户，理解客户的期望，更好地领会影响设计结果的多种力量。

政府审批

另一个实践建筑师在日常生活中需要面对的，就是和政府机关打交道。建筑师需要花费大量的时间，不仅要研究和理解每一个项目所涉及的法律、规范，还要说服当地建筑规范和分区规定的执行官员、分区上诉委员会、设计审核小组或者规划委员会，来确认批准一个方案设计的合法性，同时符合所有的规范要求和公共利益。为了达到这个目的，建筑师要定期提交设计图纸以协助设计深化的审核，然后和政府机构官员不断地接触，确保遵守各种规则。对于需要分区修改、特例化，或者需要特别许可的项目，通常都是要召开公共听证会的。建筑师、客户，通常还有客户的律师，都会出现在听证会上，一起解释和证明项目的合理性。因此政府审核和批准过程通常都非常耗时而且成本不菲。

在方案的设计进度还没有推进太远时，聪明的建筑师都会认真分析相关条例，确定项目所涉及的核心要求和标准限制。但是这永远不足以确保整个过程都能尽如人意，这就是为什么有些建筑师要培养自己和机构官员的个人私交，一些官员朋友可以帮助建筑师理解审核过程中的关键节点，或者为建筑师把各种法令可能产生的矛盾给予清晰、系统的解读。

　　同时，很多建筑公司都有自己的建筑规范和安保顾问，帮助指导设计和获取审批。这些专家通常都非常了解规范条例的前因后果。在审批过程中，无论是谁来汇报项目，都不能保证那些觉得自己工作辛苦且收入不足的官员们能够与汇报人合作良好。记住，很多评审官员都是以"给你找错误"作为自己的职责，唯恐自己的工作或者权威被挑战。

　　幸运的是，经常有官员也会认为自己的职责就是服务大众，包括为建筑师服务。然而，任何情况下，要想成功顺利地和政府机构打交道，都需要非常精湛的谈判技巧和敏锐的交际能力，处理方式要既灵活又有自己的底线。

最让人长舒一口气的就是：项目得到最终批准并发放建设许可。当然，结果也可能不尽如人意，建筑师虽然觉得已经竭尽全力地去贴合规范的要求，各种方法都尝试了个遍，也和官员们反复磋商过很多轮，但却一直拖延甚至被拒绝发放建设许可。这多半是因为还是没有百分百地遵守规范，或者更糟糕的可能就是：从上一次评审过后，建设标准有了新的更改。

如果矛盾不大，建筑师完全可能直接去审批办公室，现场手动修改报批图纸。否则，建筑师只能接着继续修改设计，并期待这种修改不会影响项目进度或施工预算。

顾问咨询与协调

合作，是建筑师、工程师以及其他顾问能够顺利完成工作的前提，用对抗的方式是非常不明智的。理论上，工程顾问应该是在建筑师开始工作不久就加入项目设计团队。一旦方案设计启动，工程师便可以开始研究建筑师的方案概念，并规划构想合适的工程策略，对建筑师提出建议。在深化设计持续推进的过程中，初步的工程图纸绘制工作就开始同步进行了。在施工图阶段，所有的建筑、工程图纸以及设计说明都必须准备齐全、协调到位。协调过程至关重要，因为每个项目参与者的工作都会对所有其他人的工作产生影响。

通常由项目建筑师或工长负责全部的协调工作，方式包括建筑师和工程师之间的定期进度会议、电话会议、邮件往来。但是协调工作能够得以顺利推进，主要依赖于每一位设计团队成员分享数据库的能力，以及通过因特网和本地网络传输即时信息的效率。BIM 软件能够创建数字化模型，模型包含了项目的每一个构件和系统，每个人都可以从中提取所需信息。随着项目设计的推进，每个系统组件的添加、删除或者修改都可以在模型中即时应用，并得到可视化的反馈。

　　虽然有数字化技术的支持，但协调工作的挑战依然让人倍感压力，因为模型所有供调配使用的设计元素要设计师一步步地创建。在任何建筑中，都有大量的结构元素（比如梁板柱）、管网、管道、管井（诸如电力和通信）、墙面，这些元素都出现在一个限定的空间范围内。很明显，想同时设计所有元素是不太可能的。设计模型和图纸都是分图层建立的。因此，设计者需要借助于 BIM 软件连续地插入和显示这些元素，在模型的每一个图层中可以图像化显示并设定属性配置，一层层地确认这些设计元素的状态。如果忽略了模型中构成元素的矛盾冲突，通常就只能由承建商在施工现场发现这些错误了。如果有设计矛盾，承建商就会停止工作，并通知所有的项目参与方立即给出解决方法，同时还会冠上一些资金支出的理由，希望能够获得这些因为建筑师失误而导致的额外工作补偿。相应地，客户可能会要求建筑师或者工程师给予赔偿。

数字化作业

　　数字化技术几乎可以淘汰掉所有的手绘和传统的信息管理技术。联网操作的电脑、终端，本地和基于云端的数据库和软件储存，以及高级的设计数据管理软件，让建筑师可以立即获取到项目的商务记录和项目资料，这包括：图纸和信函；冗长的客户、顾问、建造商、公共官员以及其他项目参与人员的通信录；标准化文档、说明书、大样和图纸；产品的制造商和供货商；建造成本数据（这需要分成不同阶段、周期性的给予更新）；分区标准和建设规范；以及与物理、社会科学、地质学、城市、历史建筑等几乎所有建筑师想要了解的通用参考数据。

　　使用数字化技术，建筑师可以设计很多概念的备选方案以供推敲研究和细化，而不需要先经历苦思冥想再用手绘图完成草稿以后才着手设计。但是，这样的风险在于，设计仅仅是数字化的，还是有推敲的局限性。CAD 软件和打印机可以生成方案设计图，显示出精确的建筑造型，图纸的线型表达非常清晰，尺寸标注也都准确无误。因此，这些图纸可以生动地展示出一个设计方案被多次深化以后的具体形象，但距离建设要求还差得很远。客户和其他观摩图纸的人很可能会被误导，觉得设计都已经差不多完成了，但事实上却仍处于概念阶段、刚刚起步。因此建筑师一定要确认项目的数字化图纸在表达交流设计概念时，表达方式要符合阶段深度的要求，恰到好处，避免做无用功。

　　尽管电脑的作用价值非常宝贵，但是依然只是工具。并不能严谨地思考或者生成创意理念，它无法替代建筑师的思考。人类依然还是要从事研究、踏勘，和客户以及同事交流，研究和分析信息，和其他人一起协调工作，尤其重要的是：建筑师能在创作上投入激情，发挥想象力进行高效的创新设计。但是仅依靠电脑，一个平庸的建筑师做出来的可能依然是个平庸的作品。

建设阶段服务

　　建设阶段的服务与之前所有阶段相比完全不同。在项目建设阶段，建筑师通常要花费大量的时间做以下四件事：①定期到施工现场走访，参观施工过程，并和客户、施工单位、分包商、工程师、监理和供货商一起参加现场推进会议；②审核、批准由施工单位、分包商和供货商提交的车间加工图纸；③通过工程变更通知单对设计进行阐释、纠正或者修改，有一部分是已经在施工图中表达过的内容，也有一部分是之前没有指定的最终颜色或者材料选择；④准备施工观测报告和付款认证，为业主、承建商、政府机构、出租人写备忘。

　　建筑师经常会有既定或不既定的出现场配合施工的任务，在施工阶段的差旅都是经常事儿。你可能会和泥土或施工垃圾打一天的交道，你得准备至少一双高腰的防水靴子。保险公司和安全健康管理部门要求，施工现场必须穿戴好硬壳的安全帽并佩戴手套，这些东西都是随时准备好放在车里的。你可能会有遭遇雨、雪、冰、热、冷的现场气候，还有裸露锈蚀钉子带来的风险。很可能会在到达工地之前，在出现场的过程中，或者在结束工地会议后，出现斗嘴的情况。你可能还要无奈地做一些吃力不讨好的工作，比如告诉施工总监，正在进行的工作将要拆下来重新返工，而且还要施工方自掏腰包。但是可能最值得纪念的时刻就是，当你的设计之前只是浮现在图纸上，现在却能够看到完整的造型被建造起来：可能兴高采烈，也可能失望沮丧。

　　很多建筑师都认为，审核和检查装配图，很可能是所有建筑师在建造阶段最心烦和最乏味的工作。车间制图图纸，是由装配商绘制的特殊系统或者建筑特殊部位并能表达出丰富细节配有准确标注的图纸，比如钢结构加固或者结构构件、木工家具、特殊设备的安装、扶手、幕墙组装等，这些装配图纸都是基于建筑师的设计图纸发展出来的。车间装配图纸是用来生产构件使用的，这些构件由总包商和分包商进行安装。装配工、分包商、供货商和总包商都需要确保：制造什么样的产品才能符合建筑师的设计目的和意愿，所以车间图纸都需要发给设计建筑师和工程师确认。如果装配图无法满足设计需要，建筑师和工程师会立即告知建造商，尽快改进以弥补缺陷，并再次提交正确的图纸以供确认。然而，即便是装配图通过了审核，确保设计最终建造效果的依然还是装配制造商，设计师想全部控制到位非常难。

在大型项目中，会有好几百张装配图，加上好几千个尺寸标注，出现错误的概率非常高。你能够想象得出：在有限的时间内要处理和仔细检查每一张图纸时的心理感受。这些图纸按理说应该在生产和装配前就早早提交，但往往事与愿违。承建商经常是在很短的时间内在建筑师面前摊出一大堆装配图，然后找个理由说：因为建筑师或工程师审核图纸的速度太慢，所以工期要被延误。按理来说，装配图纸应该在制造装配前好几周就必须提交，这是为了让每个人都能有足够的时间审核、订正、协调，以确保生产和运输，但现实状况往往不尽如人意。

所有的项目在建造阶段都需要设计说明和设计变更，因为即便是在数字化技术的辅助下，也不可能制造出完全无误、没有任何瑕疵的施工图纸，也没人能预见所有的突发情况。承建商在碰到模棱两可的问题或者在图纸中没有清晰呈现的内容时，就会经常发送信息请求（request for information，RFI）给建筑师。这就像大量的变更通知单一样。有些是因为基地现场工作或一些无法预料到的地下施工所导致，但也可能是业主对已经确定的设计有了新想法，需要变更。考虑到设计变更带来的成本和进度影响，建筑师当然希望设计变更的频率越小越好。

当完成了项目的建设工作后，就迎来了最终纠结的时刻，这是一个几方博弈的残棋阶段。复杂的情况主要体现在两个节点上：实质性完成——当建筑可以进驻使用，但并没有完全完工；或最后完工，所有的事情能够全部得到妥善解决。在即将完工和最终完工这两个时期之间，问题频发。首先，建筑师要整体地检查建筑，里里外外检查一遍，然后提供一个尚未完成或缺失、抑或安装不正当构件的打孔表单。因为承包商和分包商已经实质性完成了总体建设，所以也就丧失了工程兴趣，甚至可能完全怠工毫无进展，因为他们已经开始关注其他的潜在项目或者正在其他的项目上如火如荼的施工。所以，他们通常在施工清单的最后 2%~3% 的阶段，效率骤减到挪不动腿，但这最后的施工内容往往对建筑的美观质量至关重要。

同时，财物拉锯战也浮出水面。业主还欠着施工方的钱，通常都包括尾款（理应被支付给施工方但却被暂缓发放的余款），这是为了控制施工方以保证最后顺利完工。施工方可能还会为了施工过程中产生的额外费用来索赔，希望可以收到比之前合同规定付款更多的工程款，同时也在等着该付的款。每一方都在采取强硬手段，绝不手软，承建商拒绝完成工作，业主拒绝支付工程尾款。可能还有一些其他始料未及、悬而未决的问题。在标准化的 AIA 协议中，建筑师作为在业主和承建商之间的调解人，一定要尽力让双方达成一致：哪些剩余工作需要完成，哪里还有亏欠，以及款项最终的支付。时间是关键，因为项目推进的目的就是让项目能够按照施工计划，从实质性完工达到最终全部完工。建筑师有时会低估该最后阶段的耗时。和很多其他项目类似，在这个阶段，彻底完成一个项目需要的谈判技巧要比设计能力重要得多。

建筑设计公司的组织结构

一个建筑公司可能由一名、十名或者成百上千名的建筑师组成。大公司可能也包括工程师、景观建筑师、室内设计师、信息技术人员、成本估算师，以及市场专家和公关专家。公司究竟需要什么样的结构形式，才能让每个公司的成员都捋顺自己在团队中的层级关系呢？

决定公司结构的关键因素就是公司的规模。公司如果只有一个人，就很好组织，因为一个人可以扮演所有的角色。但是当有两个或者更多的员工加入时，事情就复杂得多了。大部分的公司可以分为两种结构形式：一种是独资所有权，就是说全部由一个自然人所有；另一种是两个或者更多的合伙人共同所有。合伙人的数量没有限制。公司的所有人，无论是独资还是合伙人，都享有公司的利润，但是他们需要同时负担损失和债务。由公司的所有人来设定公司政策，制定最终决策，雇用和辞退员工，并享有企业的其他利益。

很多州都允许建筑公司组成股份有限公司，但是持有公司股票的和直接指导工作的注册建筑师们依然需要对公司事务引起的专业过失承担责任。股份有限公司有很多好处，它可以对延期支付佣金、退休，以及不在企业责任范围内的个人财产给予保护。另外，公司的管理也非常类似于合伙人制。在所有的组织类型中，有所有权的建筑师们一定要提供必要的启动资金来维持运营。

大部分公司在内部组织结构上有两种方式：级别结构或者功能结构。级别结构制由一个或者多个高级合伙人领导，通常都是公司的最初创始人。

再往下分是初级合伙人，他们都只在公司内部担任不同的功能角色。再接下来是高级合作伙伴，这是一群富有经验的公司成员，可以辅助管理工作、分享公司利益，但是他们并不是公司的所有者。再往下分就是专业员工，通常也是人数最多但最年轻的公司新成员。在大公司，这些专业员工占据了公司的大部分工位，承担绝大部分生产工作。他们中的一些人可能还是没有获得注册资格的实习生，只是刚出校门几年的年轻人。在小公司，这种等级关系并不明显，尽管依然还有雇主和雇员之分。最后还包括负责管理运营的员工，这在每一个商业组织、任何规模的公司都不可或缺。这些员工通常是公司内唯一知道运营细节的人：公司银行账户有多少钱，公司欠或被欠多少钱，谁为公司工作各自挣多少钱，谁来安排和谁参与会议，什么时间在哪里开会。

由功能结构组织起来的建筑公司主要有两方面的活动：公司运营和项目运营。公司运营，诸如商业拓展、市场公关、员工管理、财务管理等，这些都是由高级合伙人负责，配合一定数量的管理员工来开展管理工作。这些合伙人主要负责的是寻找项目和获取合同佣金，这些人是公司的外在形象，并监督公司所有的内部运营管理。

项目运营可以为公司带来营收，也是产生费用支出的主体。大部分公司都是采用项目团队的方法。在一个项目中，每个阶段团队规模大小都不一样，一个人往往也可以扮演团队中的多个角色。一个标准的团队结构包括成员如下。

项目主管。这通常是高级合伙人，已经对业主的合同了如指掌，并且已经收到项目委托佣金；主要扮演公司的一线封面人物，他们可能很少花时间处理项目的具体生产工作。

项目设计师或建筑师。这通常是合伙人或高级合作伙伴级别的，主要负责项目的概念设计，也就是工作的主创，这些人也可以是合伙人级别的主管。

工长或者项目经理。这通常都是由有经验的合作伙伴担任，他们也可能是主要的设计师，负责每天推进项目的工作流程，和咨询顾问协调，维护项目记录和通信协作，监督数字化模型制作和绘图。

建筑设计师。他们是专业员工，负责大部分的方案推敲和劳动密集型的体力劳动，配合每个设计阶段的数字化制作，特别是设计深化和施工图阶段。他们和咨询顾问打交道，偶尔也和客户、承建商和政府官员一起开会。

技术专家。大公司通常都有自己的专业技术人员，他们主要负责撰写项目设计说明，管理公司网络、软件和数据储存，并负责建设施工阶段的服务。

在更大规模的公司里，项目团队也可能通过部门的形式来组织管理。因此，大公司针对项目，就可能有一个设计团队、一个说明团队、一个室内设计团队、一个景观设计团队、一个成本造价估算团队和一个施工管理团队。每个团队或者部门都可能由一个合伙人和高级合作伙伴牵头，负责各自部门活动的管理工作。这就意味着一个经理可能要同时监管很多的项目工作。

在 A/E 类型的公司中，工程部门可能也是规模很大的；在这些公司里面，可能工程师比建筑师还要多，可能更应该称之为 E/A 公司。

以部门为管理单元的公司可能在工作处理上的效率非常高，因为工种专一化程度高，所以表现得非常精钻，但也有可能会在部门之间产生隔阂和竞争。大部分的年轻建筑师都更喜欢团队制，因为大公司的项目团队类似于一个相对独立的小公司。

多种经营范围的设计服务

本书，尤其是本章的大部分内容都关注于：如何把建筑学当做一个建筑设计的工作，其设计工作如何开展，建筑师又如何参与到整个过程当中。但是实践建筑师和建筑设计公司的服务范围也越来越多地扩展到其他的服务领域，提供的专业化服务远远超过了建筑设计的范围。这主要是因为，北美本来就高度重视跨学科建筑教育，同时建筑师本身也应该具备多种技能和兴趣爱好，再加上愈加复杂的社会环境和激烈竞争，综合考量来看，建筑师所面临的各方面挑战都在不断加剧。

因此，如果你发现某些建筑师从事的服务，看起来好像是在建筑领域的边缘地带，这一点也不奇怪。建筑师一直都可以在实体设计领域占有一席之地：区域的总规划，范围从整个州到郡县，再到城市和乡镇；城市总体规划、新社区的设计、教育领域的校园规划和其他建筑综合体，如商业、休闲、娱乐综合体；城市内特定地块的城市设计，包括修订和创建新分区规章和设计规范；兼任工程师或景观建筑师，设计公共部门基础设施的可视化部分，包括运输设施、公路、公园及发电站。

一些建筑公司实际上是在为其他的建筑公司打工。一个独立建筑师，拥有自己的小公司，很可能主要任务就是为其他建筑公司做外包业务，只承担方案设计和深化设计阶段的工作。这些发放外包业务的设计公司就变成了"审评建筑师"，审核图纸，管理施工合同，承担大部分的专业责任。我们可以把这种发放外包的公司理解为：一个在这些工作方面非常擅长的机构组织。

建筑师作为设计顾问，服务于公司、社会团体和社区协会、各种级别的政府机构、教育委员会、历史保护组织、文化部门，或其他非营利性组织。不断涌现出的城市、郊区和生态问题都持续为建筑师提供了机会。建筑师面对和解决这些难题，应对世界各地的建筑和建造挑战。最近几十年，美国建筑师一直在帮助国内外公众事业方面做出了突出贡献。在一些地区的人民遭受着自然灾害、战争、饥荒和贫穷的威胁，比如在新奥尔良和海地发生的大地震，导致成千上万的人无家可归，建筑师设计的临时居住设施帮助缓解了灾害带来的影响。2012 年在美国东海岸肆虐的 Sandy 台风导致了巨大灾害，尤其是新泽西和纽约城，这都激发了建筑师们的热情，毅然投身到灾后重建工作中。

建筑公司的目标

总结一下本章重点，也是为下一章做准备。请大概思考一下建筑公司所追求的目标，这个目标既可能是明确的，也可能是模糊的。明确的公司目标通常都是在市场宣传材料和公司的官方主页上，一般都是专注于在有限的预算内完成出色的设计：准时、高效、保质保量、性价比高。模糊的目标一般都是根据一个公司的工作质量来辨别和检验的，而并非只听公司的片面宣传。基于此，我们大致可以将目标分为以下几类：

- 追求出色的设计和对美的创新；
- 优化服务来满足客户所需和期待；

- 服务于社区和大众利益，而不是只为了业主本身；
- 改善专业声誉，获取名望；
- 最大化商业规模和公司利润。

这些目标并不是相互矛盾的，一个公司可以追求其中的几个，或者追求以上全部的目标作为公司的使命。但是大部分公司的发展都要优先考虑几个目标来决定公司的实际切入点，并为公司的品牌、形象和声誉做出贡献。因此新毕业的建筑师应该能够明确地认识到任职公司的目标，因为这些目标很容易对实习生影响至深。

一个被所有的实践建筑师公认的职业目标的就是：寻找业主，获取合同，创造新的项目机会。下一章就重点关注这些目标。

10 建筑师如何获得工作

建筑师应该定期关注商业发展，参加市场讲座或者研修班，学习市场学，寻找新客户和新项目，处理公共关系。但是在20世纪70年代以前，市场学很少被建筑专业作为重要的实践部分，也很少有人提到或者真正认识到商科市场学的重要性。事实上，之前的建筑师前辈们大都认为：太过直白化的市场服务是不专业的；一个商业活动可以配合零售贸易的发展来售出更多的产品，这对于从事建筑学一类的专业化服务人才来说根本没有必要；主动出击的市场服务很容易让人联想到付费广告、自我营销、夸张的广告语、不公平的竞争，这种商业行为对于建筑师来说"太蓄意"也"不重要"。但是，很坦白地说，建筑师之间天然就是竞争关系，业内也渐渐地意识到，如果坐以待毙，享清福一样地等着新客户登门拜访，那生活可能就要朝不保夕了。

在现在这样极其激烈的竞争环境中，那些希望以建筑为事业的建筑师们，会发现寻找项目已经变成了一个非常耗时但极其重要的职业活动，他们至少意识到了市场目标和操作方法，也能够领会到并不是所有的职业目标和达成方式看起来都像是市场营销。我们来检视一下客户选择建筑师的原因：客户如何选择？建筑师怎样做才能提高自己被选中的几率？

谋求第一份工作

当你第一次寻求在建筑公司里任职的那一天起，其实就是你开始市场营销的第一天：你要把自己和你所擅长的服务卖出去。从你的角度来看，建筑公司就是你的客户。最好的策略就是要建立起非常好的第一印象，让人对你过目不忘，称赞有加。

　　你希望建筑公司能够对你大加赞赏，而不是让面试的其他人占尽优势。你还希望公司喜欢你作品集里的作品，而不是对面试的其他人竖起大拇指。你还希望公司对你的个人推荐信印象深刻，和其他的应聘者比起来，你更加平易近人、活力自信。你想要自己表现得出色，你想要你的"客户"十分确信：你就是最能够胜任工作的那个人。

　　这听起来有点像是在做产品推销，但实际上就是！就像这本书中反复提到过的，劝说别人去购买你的才能和创意的能力，和你阐述并解释创作概念的能力一样重要，这两种能力对建筑师来说是缺一不可。有效地推销自己和自己擅长的服务，需要两个互补条件：一方面，你一定有料可卖；另一方面必须得有需求和市场。

　　对于第一件工作，想要获得被雇用的机会并不简单。你认为你已经有料可卖了，比如你在学校里所获得的才能、知识、技能，但是你马上就会发现雇主还希望你有从业经验。这一点却可能恰恰是你最缺乏的。你就会很好奇，怎样在偏向于雇用有经验建筑师的就业市场里获得第一份工作呢？想要获得经验，你一定要有第一份工作才行。这看起来好像是恶性循环思维，实在有点自相矛盾了。但不用担心，最终大部分的实习建筑师都可以找到自己的第一份工作，当一个公司意识到当下正是需要新帮手的时候，那新的就业机会也就来了。人手不足的情况，通常是因为公司有新的合同和项目，公司需要确认你是不是真的已经准备好投入工作了，你是否愿意加入新的项目团队，你能否符合团队的技术需要，而且可不可以立即上岗投入项目。实际上，作为一名实习生，你的第一份工作，通常都是在对的时间、对的地点综合了各种因素而达成的结果。抓住机会，瞄准合适的时间节点，这通常都是市场能够得以开拓的重要因素。

经济环境

　　新上岗的建筑师和建筑公司通常都面对着同样的问题：除了平常

的设计竞赛以外，还有什么途径可以获得项目呢？如何应对市场的不确定性和多变性呢？

员工要有事情可做，就需要公司有项目可做，而且项目是基于很多人为因素以及多方力量的影响，这已远远超出了建筑师的控制范围。国内和国际的经济条件、本地经济状况，都很大程度地影响了建筑活动，并直接导致了建筑师雇用状况的波动。如果有贷款而且可以承受，物价稳定，消费者和商业机构的乐观态度都十分高涨，社会就会开展建造活动。如果资金吃紧，经济也不景气甚至很萧条，建造活动就会减少。很明显，建筑师就是经济的晴雨表，早在建造过程之前，就能够感受到经济状况的转变，可以通过客户、建造商、出租户和其他房地产建造业参与者的状况变化摸个八九不离十。什么时候经济兴旺，建筑业就跟着兴旺；什么时候经济衰败，建筑业也跟着衰败。

工作的地域范围

市场有地理和地域化的属性。大部分的独立建筑师都是在做事业重大决定之前先确定自己事业起步的地点，公司也是同样的道理，至少在公司获得区域性、国内或者国际地位之前，地点是必须慎重选择的。建筑师抉择的具体地点：在哪个州、哪个郡县、哪个城市、哪个社区进行开发建造，这个地域范围并不仅仅局限于紧邻办公室的周边社区。选择市场的开拓地域可能受到以下因素的影响：人口潜力和经济增长、气候特点和自然环境、城市或远郊的环境舒适度、竞争激烈程度、社会或者商业配套设施、家庭因素等。这些因素中很多就与市场潜力息息相关，还有一些因素是和建筑师的个人情况有关。

市场地域的选择可大可小。大部分建筑公司都要关注本地市场，从城镇、郡县或者城市扎根做起，在本地区域范围内经营，可以理解为是在自家地盘上开展大部分的项目业务。很多城市的辐射面积非常广，诸如波士顿、纽约、华盛顿特区、迈阿密、芝加哥、洛杉矶或者旧金山地区都属于大都市区域，本地管辖范围非常广，所以在这些地区的建筑师尽管业务实践都是本地化的，但却可以贯通辐射周边的广阔区域。

一些建筑公司，随着自身变得名气越来越大，会将它们的市场范围拓展到整个国家和大区域，诸如东北部、西海岸、中西部，或者阳光带（译者注：美国的"阳光地带"一般指北纬37°以南地区，大致范围是：西起加利福尼亚州，东到北卡罗来纳州，北至密西西比河中游，南到墨西哥湾沿岸的区域）。基于大区域范围来开展业务的建筑师们，诸如在新英格兰、西南部和西北地区，就可能对区域内项目的造型语言以及当地建筑传统、建筑材料、本地文化、气候及生态环境有更深入的了解。很多著名的建筑公司都在国内和国际享有盛誉，并有能力在全世界开拓市场，可以用它们驻扎在当地的分支公司开展当地的业务。这些跨国公司的项目遍布世界各地。它们的本地市场环境多多少少都会有些闭塞，如果不是依靠自身在国内和国际上的品牌声望，也可能并不比当地的公司竞争力强多少。

并不是所有的公司都是依靠跨地域的全球化市场而名扬海内广为人知的。很多大型建筑和工程公司都在世界各地开展业务，经常会遇到复杂的项目和复杂的技术，这就需要雇用大量的员工连续多年开展和推进工作。但是这些公司的名字却并非家喻户晓。它们提供的服务大部分都是针对业界、国内和国外政府机构、房地产开发商，尽管大部分项目都规模巨大、技术复杂，但却少有能吸引到媒体的关注。它们也因此并不那么依赖于本地市场。

市场和客户类型

建筑师会用大量的时间思考计划锁定的市场和客户类型。公司首先确定了项目拓展的地域范围，随后也要决定在这一区域内所偏好的项目类型。通才型的建筑师会对他们感兴趣的任何项目都加大力度投入。如果这些建筑师有选择余地，那就会选择关注某一类特殊的项目和规模，诸如独户住宅、多户住宅、办公建筑、健康医疗设施、教育建筑或者酒店。他们可能只是关注寻求那些负有盛名、预算充足的客户机构，诸如博物馆、图书馆、剧院、公司总部、大学建筑或者市政厅。或者也可能反其道而行之，只关注在成本预算上相对紧张的客户类型，和靠简单的管理即可运转的项目，诸如购物中心、低租金办公室、仓库、工厂构筑物以及中等收入家庭住宅。

还有一些其他公司专注于历史保护和修复、翻新、进行适应性改造的老建筑。建筑保护是一个呈增长态势的市场，因为在美国，技术老旧、功能过时的建筑越来越多了。实际上，翻新业务或者为结构依然稳固的老建筑添加新功能的项目，无论是不是有历史性的建筑，都是在建筑开发领域里非常有效的可持续发展策略。这实际上节约了大量的资源，比如劳动力、建筑材料、运营能源和建设资金等。

基于这些选择，建筑师可能更倾向于自己的市场范围可以达到国内和国际化的高度，同时也有本地化的优势。他们的项目可以涉及各种类型，只要是项目有高额预算，能够快速建成，并有机会获得盛誉，那就来者不拒。很明显，能够达到这样的成就是非常有挑战性的。事实上，大部分建筑师最后都是观察环境的变化，随机而动。建筑师的自我定位，大都是基于自己早期在所任职的公司里，靠建成的项目积累起的声望。这些早期的工作都会成为声望积累的见证，也是雇员和业主都非常看重的经验积累。一旦积累达到了一定的高度，就很难从这个已经养成的成长路线上做太大的改动。但如果足够有天赋，再加上一些运气，并且保证持续不断地努力，那也会有改变的机会。

为项目选择建筑师

客户为什么、又怎么样挑选建筑师呢？本章剩下的内容会用两种方式来回答这个问题。首先，我们要看客户想得到什么，这已经在前文提及了。现在我们来接着探讨，建筑师应该做些什么，才能够让自己被大众熟知、喜爱，并成为被选定目标。

很多年以前，在一门必修课里，我和建筑学的学生们一同关注专业实践工作，我写了一篇文章《建筑实践的评估》，由马里兰大学建筑规划历史学院发表。我们在试图归纳出客户选择建筑师的理由。这个研究的结论是基于由学生们在马里兰州展开的调研，这些学生们给建筑师和非建筑师发放了调查问卷。并从这些问卷反馈资料中得到了以下结论。

调查反馈者包括建筑师，调查提问：请确定在选择建筑师时最需要考虑哪些因素？调查结果如下：

- 设计天赋和创造力　　　　　50
- 在之前的类似项目工作中的经验　　33
- 组织和管理技能　　　　　29
- 建造方面的实践知识　　　　15
- 名望　　　　　　　　　6

当问到将那些"卖得"最好的建筑作品排名时，建筑师给出的最高排名是"功能设计""有竞争力的报价""经济成本控制"，排名最低的是"建筑形象""审美""创新"。

随后，我在和服务于政府和机构的建筑师评委打交道的过程中，也拿到过"建筑师评估表格"，用来评定建筑师的甄选标准。这些表格尝试了量化评选标准：每一个评选标准都对应一个打分。不出所料，有些影响因子与之前的调查表格所体现的原则一致。因此，我们能够借助这些资料来理解客户对建筑师的选择标准。我们列出了以下几项选择依据（排序不分先后）：

（1）文凭注册证书和专业经验；

（2）发明创造力，设计风格；

（3）个人素质和道德人品；

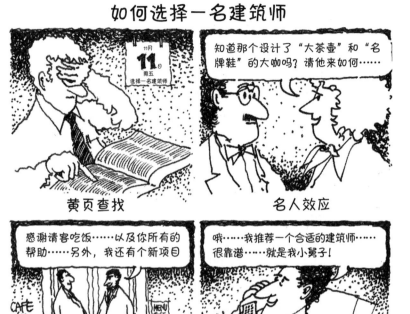

（4）过去的表现和是否达成了客户目标；

（5）收费和财物状况；

（6）与客户的友好关系；

（7）地理位置上是否便于交流。

　　所有的这些标准，可以反映出一个公司的声誉，一个公司都有什么样的竞争力，怎样被竞争公司和其他的领域所知晓。一个业主，在选择和一位特定的建筑师合作之后，会慢慢体会到建筑师之前未被发现的一些特点。然而，在选择建筑师时，客户十分关注声望和影响力。这些声望可以通过建筑师所表现出的品质得到印证，还可以通过那些十分了解建筑师的个人和机构对这些声望给予证实。

第（2）项，有些客户选择建筑师，并不仅仅关注于在发明创造力方面的声望，还要关注备选建筑师看起来是否十分时髦并处于世界前沿。也有一种可能，客户是为了一个特殊的品牌或者风格，通过仔细审核建筑公司最近的项目，来确定其设计风格的发展轨迹。

第（4）项，表现成绩，这对很多客户来说非常重要。客户需要能够满足工期要求的建筑师，这些建筑师处理项目可建造性的能力非常强，能够满足预算需要，这些建筑师的公司整洁、管理顺畅，并能提供一长串老客户的名单。这一点和第（6）、第（7）两项息息相关，因为对于所有的客户来说，最不可或缺的往往是和建筑师之间的良好关系。客户会问自己，我们是否能够交流顺畅？建筑师是否能够换位思考，体会我们的需求和遭遇的困境？我们在一起合作是否愉快？我们对于项目是否有相同的价值观和期许？我们是否能够经常见到高级合伙人？

不幸的是，一些客户会因为公司的规模和表现能力，假设出：只有大公司才能做大项目。其实大公司不一定就比小公司表现得更出色，尽管大公司有大量的市场份额和人际运营优势。无论公司规模大小，项目团队才是最重要的，小公司的项目团队能力也可能和大公司的团队表现得同样出色。事实上，小公司最重要的一个优势就是，大部分的项目都是由公司的老大和高级员工亲自操刀上阵，这会在信守承诺、创造力和专注度上更胜一筹。因为优秀的项目本来就不多见，对于小公司来说将会更加珍视，自然就格外用心。第（5）项标准就是情投意合的程度。建筑师的理想客户是那些愿意为正确做事不计成本投入的，但是几乎所有的客户都要精打细算地过日子，所以建筑服务收费就成为挑选建筑师的重要考虑因素之一。能够左右设计收费的因素主要有三个：一、对于总造价来说，客户认为能够承担的费用是多少；二、建筑师认为对于所提供的服务内容和设计工作的复杂性来说，收多少费用才足以应对；三、市场价格是多少，也就是说，竞争对手的报价大概范围是多少。因素一的收费通常都要低于因素三的收费，但是因素二往往要高于因素三。在这样的相互影响中，想要说服客户支付足额的设计费并不简单。有时候，在价格谈判上失败的建筑师可能会丢掉业务，因为客户通常都会找那些报价更少的建筑师一起合作。

除了这种像购物一样的讨价还价以外，有些客户还会加上一些付款条件，可能会导致建筑公司现金流不畅。因此，比起讨论怎样付款、什么时候付款的谈判来说，整体收费的谈判真的要简单多了。客户有时候会让建筑师延期收款，收款日也不知道是猴年马月，只是让建筑师苦等收费通知；甚至还会让建筑师分享在项目里的一部分所得利益。这基本上把建筑师逼成了一个银行家。

然而，那些善于谈判的建筑师能够通过说服客户克服这些困难，事实上，一分钱一分货。这需要花费时间向客户说清楚，想要正确地、完整地、有创意地完成项目需要做哪些工作。必须非常详尽地把时间和成本分配统计展现给客户，这样客户才能理解为什么要在报价中计算某一笔收费。一定要详尽地定义和解释设计和建造的每一个阶段。如果客户相信自己所选的建筑师对项目而言是不二人选，一旦客户理解了设计工作范围和建筑师的现金流需要，建筑师和客户通常就会达成一致的意见，甚至即便知道其他的竞争公司愿意低价接手业务，也不会影响合作。

政府客户可能就是个例外了，因为政府选择建筑师，是有一系列法令要求的，需要通过最低的考核要求提供最低的收费报价。出于这些原因，一些建筑师几乎不会承接政府项目。有些建筑师也可能会做有资金损失或者不赚不赔的项目。但是这些项目能够保证公司运营，支付房租，保证员工有活干，同时攒出时间，让合伙人去寻找更有成就感和更有利润的业务。

　　但是并不是所有的公共项目都只会让设计师头疼。联邦、州及当地政府通常会定期地承担一些有趣或者引起社会关注的项目，诸如法院和图书馆。为了这些项目，建筑公司要展开竞赛，主要是以专业资格和经验为基础，而不是以收费因素来判断。有的时候，为了一个备受瞩目的项目，政府机构会资助设计竞赛，邀请一些符合参赛要求的公司提交初期阶段的设计概念，由评审团进行排名。如果进展顺利，获得最高评价的一位竞赛者就会得到设计委托任务。有时候，设计竞赛也会向任何感兴趣参赛的人开放，而并不只是针对一些邀请来的设计者。

　　有的时候，建筑师为了力保一份项目委托，可能会采取回扣战略，通过一部分建筑师的收费，在得到付款后，返还给私下买通的一方，或者某个指定的受益方。很容易理解：一个饥饿又有野心的建筑师，为什么被迫和客户达成这样的一致意见，只因为狼都已经趴在门口了，新的委托就要泡汤了，不着急才怪啊。

　　一种更加隐蔽和常用的回扣方式是，建筑师向客户提供的设计报价要远远低于市场实际价格，这种如同"腰斩"一样的报价在建筑市场里是很常见的。这虽然合法，但是在道德层面却很难说得过去，而且这种选择可能往往都是自取灭亡。这大大地贬低了建筑师的价值，增加了与竞争者在下一步杀价时的压力，严重损害了公司的收益，并迫使公司持续给自己的员工发放相对较低的薪酬。

　　我们可以很清楚地看到：现在的建筑师绝对不能在当下的世界做一个消极任性的实践者。我们不能表现得像是在卖家市场里的一个卖家，因为现实情况中往往都是买家市场为主导——供大于求。我们不能假设一个有天赋、信用好的建筑师通过完美开场的组合拳就绝对保证能走向成功和获得充足的工作机会。事实上，我们必须一直紧追不舍地跟着工作跑，因为我们所有的业内同事和竞争者都是如此。

　　显而易见，正因为声望如此重要，获得工作的机会就意味着获得了被大众所知的机会。建筑师在大众圈子中的闻名程度非常重要，这和麦当劳、谷歌、奔驰一样，名字就能如雷贯耳，这就叫品牌效应。建筑师必须找到适宜的方法来推销自己，为自己的工作和设计理念打广告，让客户和社群知道自己的存在。我们可以很清楚地察觉到，有些建筑师在这些宣传方面是蓄意为之的，而有些人则会做得更加含蓄微妙。有些宣传手法近乎于商业广告，而另一些人则会依靠间接手段让自己家喻户晓，获得极高的个人品牌认知度和闻名遐迩的声望。任何在这里谈论到的方法，都可以让建筑师为大众所知，并拿到项目工作。当然，并不是所有的建筑师都会把这些方法用尽的，而是各有各的所长。百花齐放带来了多样性，但还是有很多建筑师会保留自己的意见，认为有些商业宣传手段是非专业化的，甚至是不道德的。

直接途径

获得工作项目最常见的手段就是直接跟踪项目，可以采用以下策略：

- 通过浏览网上咨询、阅读纸媒体（新闻报道、杂志、期刊）以及政府商业出版物，定位潜在的项目。
- 维护和升级公司的官方网站，配合吸引人的图形展示页面，设计方便搜索导航的操作方式。网站上要展示出最能展现公司综合实力、设计品质、影响力的项目，并配上现在和过去的客户名单。
- 培养潜在的客户；向每位潜在的客户发送公司的市场宣传资料；表现出公司对潜在客户项目的兴趣；顺便提及公司获得的奖项、项目，与客户项目相关的其他项目特点。
- 传播公司的时事新闻，电子文档或纸质文件皆可，同时向本地报刊和国家级刊物发布新闻来公布自己的获奖情况，特别是承接了什么样的新项目，公司有什么新的成员加入，公司开了什么新的办公地点；最好要图文并茂。

- 如果时间和财务允许，就要积极参加本地、区域、国家和国际的竞赛；尽管获胜机会寥寥，但是你能从中收获乐趣并将竞赛项目放在宣传网站、作品集及个人简历上，即便没有获奖也没关系，这都是你的宣传渠道。

- 如果所有的方法都不奏效，那你可以尝试打广告（这曾经被AIA 认为是违反道德标准的）。商业大众传媒广告是合法的，但是因为很多建筑师都觉得这不专业而且价格昂贵，所以尝试的兴趣并不大。但是很多公司都会通过赞助公共事业或者商贸组织，以此在杂志、电视或广播等传媒平台上增加了曝光机会。

间接途径

使用间接手段来推销个人或公司则是更普遍的市场推广手段。除了直接向目标客户做营销以外，建筑师还可以通过一些不太商业化、更加巧妙的手法，加强品牌的认知度。有时候，这和直接手段一样奏效，而且很多建筑师认为这些间接手段要比广告更加专业。

- 勤于参加社交活动。融入大众，特别是那些可能成为潜在客户的群体，或者应该换位思考，你自己就是客户，那你会喜欢置身于什么样的社群当中。成为一些俱乐部的会员或者一些社会组织的参与者，也可能在扩大熟人交际网这方面收获颇丰。

- 变得更加市民化。通过加入社区、公益、商业和专业组织，建筑师能够提供有帮助的、无偿的专业化服务，并且通过这些活动，还能够接触到重要的有决策影响的任务，进一步扩展自己的交际范围，接触到潜在客户。

- 在本地、区域或者国家媒体上发表自己已经完成的作品，可以通过印刷品或者数字化媒体，诸如新闻报纸和专业杂志。上报纸头条可以像直接投放商业广告及在专业媒体上曝光一样，非常见效。在专业领域和商业杂志上曝光，可以增加建筑师在同事们和目标客户群中的声望。

- 在社群组织、学校和专业会议中公开演讲，包括那些并不是主要面对建筑师群体的公共场合。参加讨论会、工作坊或者一些教育项目，进一步提升自己的大众形象、知名度和声望。

- 有规律地向当地、区域及国家设计竞赛项目提交设计作品。通常这需要精良的摄影作品和图纸，以完美的图像形式展现作品。当然，作品是否能够获奖主要取决于评委的口味和心情，尽一切努力得到社会的认可，然后再将这些奖项找到各种时机出版发布。

- 撰写建筑文章或著书立说，当然，你得有足够的时间，因为写作真的是一个非常耗时的工作。只要有出版的机会，一定要抓住，尽管可能会造成一些有争议的话题，但个人化的展示和视觉上能带来冲击力的材料，可以吸引最大的社会关注度。通过网站、博客、因特网可以大大加强文章和图片的传播效率，包括视觉传媒、书籍在内的出版成本也越来越低了。

- 让别人撰稿来描述你和你的作品，如果你已经有了重要的作品，这种方式就会越来越引起人们的兴趣。文章的主题即便是提出批评反对意见，也可以让你在大众眼中和在酷爱建筑的人群中成为知名人物。这在你有了一群媒体方面的朋友时，操作起来会更加简单，特别是那些专门撰写建筑类题材的记者朋友会贡献良多。

自我营销是最简单的，当建筑师的作品有了被报道的价值，或者当本人变得地位稳固、建立起了声誉，任何建筑师个人所做所言都能获得一群听众。想要获得这样的成果很难，尤其是对那些只能称为"称职"的建筑师们，对于那些作品平庸无趣的建筑师来说则是难上加难。但是如果他们不努力使用前面谈到的方法去宣传推广也会很难。想要做个有头有脸的建筑师，只关注于工作本身做得好不好或者是不是在专业上有天赋，这是远远不够的。有些工作你必须要做，你一定要告诉全世界，你都做了些什么。

假设，一个建筑公司自成立伊始，一直拥有良好的知名度，它也依然要面临激烈竞争的社会现实。通常情况下，会有很多公司在同一时间角逐同一个项目，这就意味着在某种程度上，公司必须采取直接手段来获得项目委托，无论采用的间接手段有多么完美，往往都会心有余而力不足。那客户和建筑师怎样接触，又在什么时候能最终走到一起呢？

通常来说，建筑师的业务都类似于一锤子买卖。这和医生、律师或者会计不一样，他们都可以持续地和客户保持合作关系，但是建筑师的客户，可能就只有一个项目，那建筑师就只负责这一个项目。如果被同一个客户再次雇用，也依然是一个项目一个项目地进行。当然，大部分成功的公司都会为自己能够持续从同一个客户那里不断地获得项目机会而自豪，这些满意的客户也大都是回头客。

大部分的客户所雇用的建筑师，都是之前从没有过合作关系的。客户通常都是通过以下途径来寻找建筑师的：

- 个人联系，或者是在社交活动中，或者是通过专业渠道接触；
- 基于声望和项目经验来判断；
- 基于专业资格的筛选；
- 基于设计费用的筛选；
- 客户赞助的设计竞赛。

事实上，建筑公司的业务很多都是依赖于推荐介绍和个人关系。即便如此，他们也得竭尽全力地营销自己，因为客户可能在最终下决定以前，有很多个建筑师可供选择。与之相反，政府项目一旦启动，首先会在报纸期刊上宣布，需要所有感兴趣的设计公司都提交意向信函和资质认证。政府部门指定一个遴选委员会来进一步缩小参赛单位的数量，直到剩下几家单位开始面试。面试之后再做选择。通常非政府机构在选择建筑师的时候也采用类似的操作。

面试

　　顺利拿下合同，这绝对是个技术活儿，要保证在最关键的业主面试环节中发挥得淋漓尽致，这种面试会决定谁能获得项目委托。面试就像第一次约会，第一印象非常重要，而且会很持久。应试是一门表演艺术。建筑师一定要表现出个人魅力和有说服力的口才，外加博学多才的征服力，这样才能吸引并捕获客户。可以通过语言表达、投影

图片、视频展示来演绎这段"初恋的浪漫"。准备好精心编排、印刷精美的作品集或者书籍，配以公司相关项目的照片或者出版物，各种手段综合使用，可以大大加强建筑师的投标表现力。投标内容通常也会展示公司针对该项目组建的团队，包括顾问、工作进度安排、项目管理方法，通常也包括了主创设计师的设计哲学和设计策略。这也都是市场人员所熟知的：推销手段，就要集中火力并轮番上场。

想要抓住目标客户的注意力，就要求建筑师务必说服客户，只有当公司能够满足客户对项目的要求时，未来的合作关系才会趋于理想。至关重要的一点是，建筑师一定要表现出自己已经对项目和客户有了深刻的理解，自己已经对项目基地和功能非常熟悉，自己可以洞察到项目的特殊要求，自己绝对尊重预算和项目的时间规划。设计费用是在面试之后讨论，更深层次的细节问题都是在确认了建筑师以后才会讨论。

合资经营企业

为了增加竞争力，建筑公司有时会和其他的建筑公司或者工程公司联合。联合的形式通常是在两个或者多个公司之间的一种暂时的合伙形式，这些公司之所以联合，就是为了某个特定的项目而走到了一起，但是公司依然会在商务操作上以分离的个体形式展现。联合可以扩大区域覆盖面和扩大专业化程度，或者打通之前无法渗透到的市场范围。联合机构是基于各自的利益而走到了一起，从小公司转化成了大公司，从大公司转化成了更大的公司。波士顿公司可以变成芝加哥公司，或者设计住宅的公司可以变成设计医院的公司。通常情况下，客户希望一个以设计为主业的公司可以和一个以生产制作为主业的公司彼此互补，正是因为这种需要，联合公司的形式才应运而生。这样前者主要负责方案设计和深化设计的建筑服务，后者主要负责施工图和建造。

成为建造商、施工经理和开发商的建筑师

　　建筑师有时也要为客户提供建造管理或者设计建造的服务。在设计建造模式中，建筑师戴着两顶帽子：设计师和施工经理，所发挥的功能通常都是总包商负责的工作。很多负责设计建造的建筑师承担的只是中等规模的项目，主要是住宅和小型商业项目，诸如办公楼或者零售商店。但是也有大量的 A/E 公司有自己的建造管理部门，可以提供针对大型项目的服务，直接与总包商和施工管理公司竞争。

　　融合了建筑和建造两种角色，听起来对建筑师和客户都很有吸引力，因为这降低了项目业主不得不去组织管理的工作总量，同时也赋予了建筑师全盘建造的控制权。但是，如果建筑师的预算和竞标价格太低，或者项目在完工之前出现资金不足的情况，对客户和建筑师也会有资金风险。这对建筑师来说有资金和利益的冲突，尽管客户寻找最有价值、最合格（在预算范围内）的建筑师和承建商，但是承建商的目标通常都是尽可能用最低的成本建造出符合建筑师设计意图的成品，他们就从本能上希望简便省事，质量上也经常折中妥协。如果建筑师同时扮演两种角色，就没有人在客户和建造商之间做调解工作。最终的设计建造成果取决于建筑师的综合能力和对资金平衡的敏感度。

　　还有一部分建筑师变成了房地产开发商，在设计作品中拥有很大一部分资产所有权。变成自己的客户确实非常有吸引力。建筑师兼任开发商的策略展示出了很大的回报率，但同时也要承担很大的财务风险，并忙碌不止。作为实践建筑师，做开发商不仅可以大赚一笔，这远比当个建筑师赚得多。他们同样可以在预算和销售的限定范围内控制整体设计效果，因为他们自己就是自身项目的所有者。当然，如果项目进展不顺利，他们也有可能赚不到钱，甚至还可能亏损很多。

　　以建筑师为背景的开发商所运营的开发项目大都是住宅和小型商业项目。通常也会有其他投资合伙人参与。建筑师开发商，除了身兼

建筑师的角色以外，还要处理所有房地产开发项目的工作，比如获得土地、发行股票或贷款融资、负责建造、广告宣传、销售和租赁。

由建筑师开发的项目成功的可能性并不大，很可能会亏损。但是也有少数的建筑师一直很成功地扮演开发商和建筑师的角色。很多建筑师都是通过惨痛的实战经历才真正理解了开发项目和设计项目完全不是一回事。这两个领域要求的专业知识、心理素质、远见卓识、商业技能都不一样，也各有各的风险，但建筑师还是经常被巨大利益所诱惑。

设计竞赛

建筑师们经常为争夺赛事奖项或者是为了获得项目委托而参加竞赛。很多著名的博物馆和公共建筑及私人项目都是通过设计竞赛选定方案的。开展竞赛的方法很多，但大部分竞赛都可以分为两类：公开赛或者邀请赛。在公开竞赛中，正如其名，发起者接受所有合格参赛人的作品，尽管参赛资格可能有限制，比如参赛者的国籍和地理限制。在邀请竞赛中，发起人要对感兴趣的建筑师进行第一轮的筛选，随后进行面试并从这些人中挑选出作品十分具有吸引力的少数几位。在两种方式的竞赛中，评审团成员都包含专业设计师和客户代表。评审团由竞赛发起人指定，负责评审设计理念，然后进行排名，选出获胜的设计方案。

竞赛可以分为一个或者两个阶段。后者包括两轮，第一轮是海选，第二轮是继续评选出获胜者。在公开赛中，参赛者并不会拿到奖金，反而需要付费参赛。在两轮的公开竞赛中，只有那些通过了第一轮的参赛者才能得到资金补偿，但补偿并不丰厚，几乎都不够支付第二轮的成本投入。第一个阶段的工作量要小很多。有些竞赛邀请的公司并不多，无论是一个阶段还是两个阶段，通常发起人都会支付设计预付款，但这些款项也不会太丰厚，相比公司实际投入的成本和工作量来说，预付款也不足以支付开支。

很多建筑师都认为竞赛是选择建筑师最公平的方式之一，而另一些建筑师却并不这么认为。前者相信，公开赛可以为公司规模不大、缺乏知名度，但很有创造力的小公司提供机会，能够快速获得社会认同并获得资金奖励，以及重要的设计委托。那些资质平平无动于衷的建筑师，以及一些专注只为保守型客户工作的建筑师，永远都不会奢望获奖。

对竞赛愤世嫉俗的反对者们则认为，竞赛本质上就不公平，因为竞赛结果反映的是评委们的个人偏好，同时并没有解决和关注过客户和项目用户的需要和品位。他们认为竞赛更偏好那些久负盛名的建筑公司，它们有着雄厚的财力、人力和物力，使得这些公司本身就在表现上占尽优势。同时，一些业务压力并不大的公司参赛也会有很多成本上的优势。但相反，那些忙碌不堪的建筑师们很难有时间来参加这样的竞赛，因为这些公司斟酌了对竞赛的付出与对客户的付出后，肯定要优先考虑后者，因为后者是付费客户。另一个反对的观点是，很多竞赛都是带有剥削性质的，并且竞赛管理混乱，规则和要求也十分含糊不清。建筑师也一直在控诉：很多竞赛的发起人简直就是在剥削，利用了建筑师想改善物质条件的意愿，用竞赛的形式以最小的成本获得更好的设计概念。

在美国，只有很少一部分项目是由公开或者邀请赛的形式进行的。通常情况下，即便在竞赛中获胜，方案也不会被执行，因为项目可能会被最终放弃，这些竞赛设计的作品都不是正式实施的项目，或者造价太高，或者功能太不实用。当颁发奖项和酬金的时候，即便获胜的建筑师也未必能够保本。最后实施的方案是要考虑技术、经济或者政治等多方因素的平衡产物。甚至还可能发生更糟糕的事情，就是设计师的作品最后会被其他人修改后再实施。在很多竞赛中，建筑师和客户在设计的推敲过程中都不会有任何沟通。

想借助设计竞赛来获得工作，这对于所有的实践建筑师来说都是一个风险巨大的赌注。竞赛发起人和他们所要建设的项目，很明显，都会从一群建筑师们大量的设计成果和成千上万个小时的投入中受益，这些投入是包括了所有落选的参赛建筑师们共同投入的。但是参赛者们在为获胜投入了大量的成本之后，无论参与的过程有多么开心，最终获得的可能仅仅是挫败感、嫉妒心和酸葡萄的心理。尽管如此，也一定要全力以赴地赢得竞赛！

免费服务

　　一个饱受质疑的市场策略是不收取任何设计费的免费工作。很多年来，AIA 和大部分专业人员都在谴责这种为目标客户免费提供草案、设计，或者其他服务的行为。这被认为是不专业也是不公平的，但却是司空见惯的。那些为招来顾客而亏本经营的建筑师，采用这种方法作为一种诱惑客户的商业手段。无论舆论如何谴责，这种免费服务的做法都是完全合法的（这可能不道德，但并不违法）。

　　随着市场越发残酷，建筑师之间竞争也愈加激烈，这就迫使建筑师不得不免费做一些前期工作，目的就是吸引目标客户。这种压力是不可避免的。我曾经参加过建筑师遴选委员会负责面试有意向的建筑师，虽然面试结果还没有出来，但是却有建筑公司已经开腔说不要任何报酬，并主动展示了详细的总平面图和功能分析图，还有概念设计图，这可是需要几千美元才能完成的任务。这些工作都是应该包含在

服务范围内的，都需要很大的人力、物力投入，理应得到报酬。但是为了能够在说服评委会时更具竞争力，很多公司都愿意这样冒险投资赌一把。这种方法有时候很有成效，但也有可能根本无济于事。

　　你当然也会在自己的事业中面临同样的压力：在和客户敲定合同之前，你需要投入多少免费的工作才能打动客户？合同什么时候能有眉目？项目什么时候才能启动开始投入新的设计？这些尺度真的很难把握。

11 建筑师的客户

　　大部分建筑师都是由那些准备开展项目建造的客户雇用的。有些建筑师只是把客户当做一种工作和收入来源。但实际上，大部分优秀的建筑作品都是在有天赋的建筑师和开明、积极的客户之间达成了默契后共同促成的。

　　客户可能是一个人、一对（夫妻或其他关系）或者一个组织。合伙人、公司、非营利机构或政府，都可以是客户。律师会告诉你，需要两个条件来确保客户是合法的：其一，是法人，有权利签署可实施的合同；其二，有资金或有融资的渠道。对于建筑师来说，后面这一条标准比前面一条更重要，因为有大量的客户是没有资金的，很多客户都资金不足，或者差不多刚刚够用，也有一些客户有无限的资金。

　　建筑师碰到的客户质量良莠不齐。优质的客户，会接受建筑师绝大部分的设计理念，留给建筑师更大的发挥余地，愿意在作品的艺术价值上投入更多的资金支持。这些客户行事果断，也十分乐于助人，一旦理解和接纳了设计方案，就很少会改变主意。这些客户也愿意支付建筑师费用，并持续地肯定和赞扬建筑师的工作成果。

　　难缠的客户则恰恰相反。这些客户不仅质疑建筑师的设计理念，还质疑建筑师对项目功能、财务和设计进度的理解力。这些人十分挑剔，对成本经常抱怨连篇，决策也慢慢吞吞。对每一个设计问题都要百般刁难，他们认为在最终决定建筑师之前，就应该没完没了地进行方案比对设计。甚至于这些客户认为要求改图是理所应当的。当然这些客户可能还会在收到建筑师账单付费时抱怨连篇，质询为什么就这么些图纸就要几千美元。

　　优质的客户尊重建筑师作为一名专业工作者、一名艺术家、一个问题解决者和一名技术专家的身份。这些客户可以接受不可避免的小

瑕疵，作为项目实现艺术和功能目标的代价。难缠的客户则可能认为
建筑师确实有点用，但同时也是一个麻烦制造者和要价不菲的服务人
员：对实际问题反应迟钝、有时候非常任性、连是否胜任自己的岗位
都很难说。因为很多客户都是平生头一次和建筑师打交道，这些特别
的感受可能会与之相伴终生。

家庭客户

　　数量最大的客户类型就是家庭客户，这些客户希望改进自己居
住环境的质量，包括公寓和住宅。家庭客户，包括单身、夫妻、带孩
子的家庭，雇用建筑师的目的是因为想建造新的住宅或者改造现有住

宅。他们寻求更多或更好的空间、私密性、安全性、便捷性和舒适性。还希望建筑师所提供的方案可以在客户的预算范围内建造完工，设计要保证功能、结构良好，还要干燥、整洁以便维护，既不太热也不太冷。建筑师和客户通常都会共同致力于创造一个有艺术感的作品。

家庭客户偶尔会要求建筑师不单单要设计建筑，而且还要布置和装饰室内、选择家具、地板铺装、墙面和天花板的涂饰、装饰物、颜色和质地、灯具、窗户构建（窗帘、遮阳、百叶）、艺术品，甚至烟灰缸。建筑和室内设计的界限在这里就很模糊了，家庭的室内工程也是室内设计师和装修师的工作范畴。

建筑师并不希望在室内设计过程中受到客户或者装修师的干预。

但是所有的装修师和大部分客户都可能认为建筑就是主要负责建筑的室外效果，顶多再设计一些室内空间的布局和几何造型。在室内，装修师和客户的意愿更重要，建筑师已经说了不算了。结果就是，很多出色的建筑作品都被不合格的装修给糟蹋了。与之相反，好的室内设计却可以帮助掩盖建筑的瑕疵。

家庭客户是所有的客户里面需求度最高的。他们的项目可能是在自己成年后人生中最重要的一项决策任务，无论是财务上的还是心理上的，无论是一个后阳台的加建，还是一个厨房改造，或者一个新的几百万美金的豪宅，都是一个人生的里程碑。住宅是个人化非常明显的地方，这种项目的投资都是属于自我投资。住宅空间的行为也都十分特定化：我们在自己的家里睡觉、吃饭、做清洁、做爱、阅读、工作、休闲、交流、社交。

家不仅仅是一种物质投资，也是对自己人生的投资。因此家庭客户的需求也都是生活的最基本需求，涉及人们的渴望、活动、感受和分享资源。这就是为什么人们愿意将自己的收入和时间投入在个人居住环境的优化中。因此，家庭客户都会在自己的家庭建设中全力地投入，这一点也不奇怪。

很多客户都想要真皮，但只能付得起布料；想要美味佳肴的质量，但只能付得起打包外卖的钱。这些客户可能期待建筑师做出毫无瑕疵的设计，在提供快速高效服务的同时，还有能力预见未来，以保证设计和建造毫无瑕疵。一些客户会假设建筑师能最终控制建造商，并对所有的建筑产品了如指掌，并且有能力控制建造，最好保质保量地建成完工并且没有超支。

基于此，建筑师通常希望自己的家庭客户对他们的每一个设计理念和提案都能够接受，都能够耐心地等待和包容错误，即便报价高也愿意增加建设预算。建筑师可能会忽略在建筑的艺术表现、建筑科学、建造限制等方面给予客户适当的提醒。所以，当瑕疵和一些不可

预见的事情发生时，飞机场、办公楼、购物中心，或者学校的所有人
或许可以接受，但房屋的所有人通常都无法接受。

建筑师和家庭客户的关系不仅仅是商业上的。敏感的建筑师非常
擅长洞察客户的心理，对客户的个人习惯、品位、行为、欲望和感觉
都非常熟悉，建筑师可能不仅局限在处理设计问题本身，有时还会陷
入客户的家庭事务之中。因此建筑师可能会突然转变成一个家庭顾问
和矛盾调节人。

建造一个新家可以给家庭带来欢乐和团结，也可能会带来意想
不到的矛盾冲突和仇恨。无数的建筑师都见证了在配偶或者家庭内部

成员之间针对一些设计问题而交恶，这时建筑师会突然进入家庭纷争中，扮演家庭顾问或和事佬。通常建筑师都能很成功斡旋，但是有时候，一栋梦想中的住宅在建造过程中可能会破坏家庭关系。

建筑师设计住宅，尽管靠设计住宅的佣金就足以活得很惬意，但享受设计乐趣和获得经济收益同样重要。有些家庭客户可能也承担不起建筑师所有的设计投入时间和建造超支成本。大部分大型建筑公司是根据个人喜好来设计住宅的。住宅设计受到了媒体和很多建筑师的关注，原因在于，为家庭客户设计住宅，通常是建筑师从事设计实验和艺术创新的绝佳机会。只要住宅客户的鉴赏能力允许设计师发挥创新，那即便是一次亏本的设计业务，住宅项目也可能在未来带来更大、更有收益的工作。

房地产开发商

建筑师希望自己的目标和客户的目标能够达成一致；但往往不是那么尽如人意。特别是建筑师认为在艺术方面值得一试的意愿，对于客户来说几乎没什么必要。这在商业建筑中尤其如此，房地产开发就是一个以利润为导向的行业。商业客户的目的和为自己建造住宅的家庭用户的目的完全不同。以市场为导向的客户最终感兴趣的只有一点：商业经济上的成功，这可以通过积极的市场反馈和丰厚的投资回报得以呈现。

美国大部分的建筑建造投资都是商业开发，由个人商业机构承担，包括包公楼、多家庭混合住宅、联排住宅、旅店、零售购物设施、工业和仓库建筑、休闲和娱乐设施。很多开放商业项目的客户不仅仅将自己的项目看做是建筑师的艺术品，更重要的是，项目本身是一笔投资，用作产生收入、得到回报利润的造钱机器。如果没有预见到任何利润，这种商业项目根本就不会立项。开发商也并不反对营建优秀的建筑，特别是当这种建筑可以增加市场价值的时候，但是建筑价值绝对要服从于商业价值。

商业建筑开发商希望建筑师可以为项目设计出有吸引力的建筑，而且性价比要高、易于建造，还得便于高效管理，有良好的回报价值和利润产出。开发商的这种目标就很可能成为建筑师和客户的矛盾引发点。建筑师可能会有与之完全相反的观点：希望有更多的资金用于建造，并且几乎不会考虑和利润回报有关的设计要点，从而导致利润回报率低下。如果建造和运营的投入高，但回报率却很低，就会给业主带来经济损失，也就失去了项目定位于商业开发的意义。

其实，即便是开发商本身也会有自我矛盾的情况，尤其是资金紧张的时候。另一方面，开发商一定要保证设计质量和规划必要的设施，以此抓住目标市场并产生预期的利润回报。还有就是，开发商也会面临投入得太少而让竞争者受益的风险。建筑师要想向开发商客户出售自己的优秀设计，就要基于良好的商业和投资思路，能够证明更好的设计和增加的建设投入，肯定可以为客户带来更快、更高的出租率和销售率，这些才是商业客户能听得懂的交流语言，他们只能被这个设计思路打动和说服。

对于开发商客户来说，理想的建筑师必须能够完全理解他们的开发目标和项目局限性，以及经济状况；要能够根据预算，按时完成任务；设计方案可以轻松地通过建筑管理部门和政府的审核；确保所有的图纸无误、易懂，以便于施工方的快速建造；设计的建筑可以运转良好，同时看起来还要赏心悦目。

几乎所有的建筑事务所都声称，自己可以满足所有这些要求，或至少对其中的几个要求是信心十足的。开发商可以很快地了解到建筑师的服务质量如何。基于建筑师对他们愿景和要求的反应能力，来决定哪个建筑师更好合作，并希望一直维持这种合作关系。只要能够建立彼此互信的关系，建筑师就会有忠实的客户。但是如果哪里出了问题，客户就会转身离开另寻他人。所以有些建筑师在设计上虽然表现得非常出色，但是客户却不愿意雇用这些建筑师从事商业项目设计，这种情况也就不足为怪了。

从建筑师的角度来看，商业地产开发客户在目标、价值和态度方面都十分欠缺。建筑师认为很多开发商都是在牺牲人本、文化和环境来达到所谓的项目底线，并且惯于拒绝尝试建筑师的艺术创新设计。很多建筑师也都会抱怨，开发商大都无法提供足够的时间和资金来运营项目，给人的感觉就是很多开发商都表现得十分粗鲁，要求苛刻，需要全力以赴地为之工作，必须保证各个环节都完美无缺，但却没有多少报酬。令建筑师非常反感的一点就是：开发商经常在经济上剥削设计工作者，以拖延设计佣金为条件来签订设计合同。但当我们了解了商业开发的融资原理以后也就不难理解，实际上正是开发商的巨额贷款让建筑师承担了以上风险。

也有一些开发商和建筑师认为，艺术和商业可以完美地结合在一起，尽管这并不容易。想要在有限的资金内创造出大奖一般的建筑作品，这真的是难为建筑师们了。尽管美国散落着成千上万的平庸建筑，但仍有大量的作品可以做到商业和艺术的完美结合。

但很遗憾，也有大量的案例是：艺术成就卓然，但商业收益惨淡。

建筑师有的时候需要通过一些平庸的作品或者通过放弃一些创造性的发挥来照顾设计市场的商业特点，偶尔在艺术表现上做出一点牺牲都是难免的。开发商对建筑师在这种开发投资敏感度的审核上非常重视，指出建筑师经常在一些方面表现差强人意：工期拖延，预算超支，效率低下，建造可行性差，建造细节不切实际，浪费使用空间，图纸和设计说明让人费解或者根本达不到完整要求，结构体系或机械系统协调性欠佳。开发商非常关注施工，他们期待着建筑师能做出在设计私人住宅和对待家庭客户时一样体贴的专业表现。

精明的客户可能会坚持说建筑创作就是商业，而并非艺术，商业的策略就是要有良好的经济效用。如果建筑师能参与到商业活动中并同时发挥自己的艺术创造力，那就真的是太完美了，只要建筑师的设计主张不要超过商业客户的优先考量，那就什么都好说。有些建筑师非常愿意从事这种类型的设计服务，但有些人却截然相反。每一个客户，每一个项目，建筑师都必须抓住目标客户的价值观，并和自己的价值观做对比，再判断设计策略的走向。那些为艺术追求而工作的建筑师们，通常都不愿意从事只提供最低使用要求的设计服务，因为可发挥的空间几乎被设计要求压榨干净了。

公司客户

大部分地产开发商都是以公司的形式运营，但规模都不大。企业客户则截然不同，它们的规模通常都很大，有各种部门组织和从上到下的层级式决策关系，有多种行政管理级别，上至 CEO，下至部门领导。配有大量的专业部门，比如市场、财物、生产、建设、估算、采购、会计、项目管理、资产购置、运营维护。企业里的每个人都与建筑师的所作所为有利益关系，这与其各自负责的领域和职责息息相关。

当建筑师为企业客户提供设计服务时，就等于是要同时面对好几个客户。市场经理关注销售与租赁，把设计看做销往市场的产品。建设经理把项目看做建筑材料和劳动力的聚集组合。财务经理和会计把项目看做资本运作，严格把握现金流、时刻关注损益计算书[①]。资产经理把建筑看成已经建造完毕、销售完成之后的运营机器。然后还有一大堆的监管、公司首席执行官、各种活动理事，这些人的目的就是获利、应付股利、增值股票和提升公司形象。

大公司的"王国"里，可能会存在部门之间的猜疑，各个部门都有各自领导。这些部门经理们经常有果断的管理作风，缺乏安全感。他们想在企业生命中获取事业的成功，扩大自己的权力和地位，即便在内部的竞争中不占优势也要在工作业绩上表现出色。公司的经理们想推动自己的职业发展，为公司的客户和股东寻求利益。

建筑师不得不去应对那些公司的主管和公司政治游戏，以及在和公司客户合作的时候，竭尽全力破解权力机构的奥秘，弄清楚谁才是一言九鼎、有最终决定权的人。只有了解透彻，建筑师才可以顺利参与公司业务的处理。你会深刻地理解到：公司层级里的每一个都认为自己的意见不可或缺、自己的需求才是至高无上的，都在寻求上级领导的信任和肯定。

---

① 译者注：会计专业用于统计利润和亏损的文件。

很多企业客户都是有条不紊，并且没有情绪化地追寻着自己的目标。业务上井然有序，相比较其他类型的客户而言，有更良好的从业记录。它们更信守合约，包括对建筑师的支付款，部分原因是机构化的系统管理可以尽量避免个人的意气用事。而且因为是企业，可能更愿意和其他的公司做生意。因此建筑师的公司如果能像企业一样运营，则会更能吸引企业类型的客户。毕竟，一个企业和另一个企业的亲密合作看起来就是自然的市场行为。

个人企业家客户

最常见的商业地产开发客户大都是个人企业家，这些开发商的团队规模不大，任何阶段都只会开展一到两个项目。他们可能是用公司的组织形式来运营，也可能是一个有限合伙人制度，但是无论哪一种形式，操作模式都会烙下个人操作、个人意愿的痕迹，这与大部分公司客户大不一样。

企业家客户会和建筑师走得非常近。他们的自我意识非常强烈，这种意识同时也是他们的财富。企业家客户通常任性、决断、外向，愿意全身心投入到自己的地产开发事业中。他们刚柔并济，并且有能力快速做出选择，将本能和理性分析综合考量。其中的一些人很有一种使命感，对财富的追求信念很强。还有另外一些人，只不过把开发当做一门生意，通过财务杠杆，投入企业家一小部分的钱再加上股票基金以及大量借款，结果可能是大赚一笔，也可能亏损到倾家荡产。

历史上那些文明的创立者们，包括政治、军事、艺术、科学和宗教人物，建造了纪念建筑和伟大的城市。如果没有国王、王后、皇帝、富豪、教皇、将军和政治家的支持，建筑师和建造者的精神、权利和意志力是不可能得到实现的。驱动这些历史创立者的主要动力并不是金钱的投资机会或者社会财富的积累，而是这些人物的本能和魄力，这些伟人的品质和今天的企业家都非常相似。

公共机构客户

对于很多人和很多建筑师来说，机构这个专有名词可以指很多事物。在建筑实践中，机构本身并非以投资和营利为主要目的，尽管机构通常都具有筹措资金的功能。因此这个定义里不包括那些涵盖商业地产开发在内的主要以生产投资和从租金、销售中获利的开发项目。机构客户大都是非营利组织、公司，或者其他的运营类型，这些开发项目都有非常特殊的目的。项目通常包括：

- 市政建筑，比如文化中心、博物馆、演艺设施；
- 学校，包括小学和初中、特殊学校、大学建筑；
- 宗教设施；
- 研究和医疗保健设施，比如医院、疗养院、诊所、实验室；
- 机构总部和管理设施；
- 休闲设施，诸如竞技场和体育场。

尽管这种项目中有不少可能都是为了营利的目的而建（比如医院和体育场馆），但是它们不是传统型的商业地产投资。

从组织特点来看，机构客户的运作更像是公司开发商，所以机构也可能实际上就是合法设立的公司。机构本身可能包括很多赞助方，但是也可能和公司一样有无数的股东，机构大都是依靠相对少数的人来负责制定政策和管理日常事务。

建筑师通常为机构的员工，以及包含有机构官员和董事的建造委员会工作。机构可能会外聘顾问，因为顾问具有专业经验、政治推动力或者社会关系。项目如果能够有积极和有潜力的财务回报，这当然就是机构委员会成员最乐见其成的。项目使用者往往也会在委员会中占有一席之地。

建造委员会可能有非常大的决策权力，或者为其他的决策人，比如总裁、副总裁、部门主管和经理，提供主要的顾问咨询。还有一些情况是，与建筑师打交道的是建造委员会临时安排的一些专门关注特定项目的运营和处理设计问题的专业小组委员会。在这种情况下，建筑师一定要细心引导，因为很多委员会可能会彼此有冲突矛盾。良好的沟通和文件往来十分重要，聪明的交际手腕也绝对必不可少。

机构客户可能非常精明，但是很多人对处理地产开发、财政、建筑设计和建造没有什么经验。在这一点上，他们更像是住宅客户，需要建筑师更主动地引导项目进程。当项目复杂时，机构客户通常都会雇用开发顾问和建造管理顾问。他们代表业主的利益来和建筑师、工程师、总包商、分包商、财物机构以及政府机构打交道。他们在项目进度、管理、预算、估价、会计、采购、合同谈判上给予协助，充当中间人和代理客户的角色。当机构客户缺乏经验时，顾问团队可以很好地辅助建造进程，同时顾问也会经常重复那些由称职的建筑师和建造商从事的工作任务。

有些机构的项目预算很紧张，而另一些可能资金很充足。有些是私人融资，通过筹款活动和会费的形式集资，另一些则直接由公共支持，政府专款建设。有很多机构项目，诸如文化设施或者公司总部，其展现给大众的形象非常重要。这些项目的机构客户就必须提供充足的资金，以供建筑师为项目打造大众形象。对于高预算、高声誉的项目，诸如博物馆、机构总部和公共建筑这一类，机构客户都倾向于选择有很高声誉度的建筑公司来打造地标性建筑。

建筑师通常都非常愿意为机构客户设计项目，因为从建筑师的角度来看，这种项目是能打造出具有纪念意义，并有新闻报道价值，而且建筑有特别上镜的绝佳机会。大量的人参与到项目开发中，这就不可避免地增加了建筑师的雇用合同数量和专业曝光率。设计这些特别项目的经验还会带来新的项目机会和进一步提高自己的声望，以及获得更好的媒体表现机会。

机构客户相比其他客户来说，付款意愿更主动，尽管未必准时付款。但是建筑师通常也会抱怨说，要应对规模巨大的委员会，程序十分复杂，很让人头疼。这些委员会半民主化运营，决策速度很慢，可能与客户自身利益也未必一致。设计过程会持续更长的时间，因为建筑师必须要让每一个股东都满意，让每一个声称代表某一个机构利益的人都点头。这在日程安排不同、各方品位不同，在思想形态和决策基础不同的情况下会更难达到目的。在这种充满了挑战的环境下，建筑师最宝贵的能力就是：说服力和个人魅力，连同持之以恒的耐心。

政府客户

政府客户是机构客户的子集，但是政府机构和官员有自己鲜明的特点，值得给予特殊考虑：建筑师会和三个级别的政府打交道，本地（市或郡县）、州、联邦。每一个级别都包括行政部门、立法机构和司法机构。其实大部分项目都是由政府的某一个特殊行政部门来主管的，建筑师需要了解政府部门是如何运作的。

各级政府部门都要建立交通运输设施、公共项目、公园和休闲设施、行政办公设施、法院、法律执行设施、消防站，和为中低收入家庭服务的公共医院。公共教育设施由当地城市或者由郡县教育委员会负责，后者的资金来自于州或者联邦教育行政部门拨款。联邦所特有的项目是国内外的军事设施以及国外的美国大使馆。

政府是基于部门组织在一起的，每个部门关注某个特殊的领域。因此我们有公共建设、交通、住宅和社区开发、教育、经济发展、公园和娱乐休闲、公共安全、司法、健康、综合（管理）服务，以及在联邦级别的商务、国防、国事礼仪。建设资金来自于立法拨款，项目的开展是在行政领导下由官方执行，个人机构实际上可以为项目的构思和执行提供管理。部门本身就像个公司主体一样。

政府的目标要比行业的更加复杂。个人企业主的最终目标很直接也很简单：利润。实现这一目标的方法可以简单地概括为：制造和销售某种产品或者服务。但是，政府一定要保证未来的公共健康、安全和福利。一定要扶持商业和贸易，向公民征税，提供安全保障，提供公共邮政服务，建造和维护基础设施，承担那些个人开发商无法执行的必要任务；尽管最终可能看起来好像很清晰，也无需过多的解释，但是执行手段完全不同。

如果把政府机构当做一个客户，那建筑师看到的是一个由人民、法律和规范组成的整体，这个整体是为了达到公众的目标。另外，这些目标的实现，通常都必须保证纳税人付出最少的成本。因此，资金预算的限制，使得大部分的本地、州、联邦政府的建筑都不能容忍奢侈的创造、华丽，或者是做试验一般的先例设计。尽管有一些项目是知名的特例，但是政府部门大部分偏好的设计是有吸引力、能够满足功能需要、使用效率高，无论任何政府建设项目都是如此。

为政府客户工作的好处，就像是为机构和公司开发商客户服务一样。项目规模很大，偶尔还有纪念价值需要设计体现出来。大也好小也罢，都会是有挑战和有活力的设计实践机会。设计政府赞助的项目并让大众受益，这对建筑师的内心追求来说就是一种满足感。成功完成一项政府的委托任务，可能会带来同一个领域里其他的项目机会。一旦签订了服务合同，建筑师心里就有底了，因为政府在服务付款方面应该是靠得住的。

优点的另一面，自然就是缺点了，甚至可能还很严重。政府项目大都平庸、世俗，无论建筑师多么富有天赋，无论政府官员的愿景目标有多么好，也没有什么建筑创作上可以施展的余地。尽管有时受到法规的限制，建设费用可能不太够，但是依然需要建筑师投入大量的工作。和政府部门协商，达成双方都可接受的合同，这也是一件令人头疼的事，特别是当官员们还在和其他可以从事同样项目但收费更低的公司交涉时。如果后期起了争执，很多政府部门都会克扣设计费，根本不在乎建筑师的压力到底有多大。众所周知，建筑师如果和政府讨价还价，真的是没有什么后台可以依赖。

可能政府客户最糟糕的特点就是官僚思想了。当然，并不是所有的官员都如此。事实上，这种官僚作风也不只是政府部门才有的。这种思想在私人公司、机构和建筑事务所也都存在。但是官僚这个词几乎已经变成政府的同义词了。官僚的负面特征是什么呢？最重要的就是对待事情的态度，而不是办事能力问题，当然有时办事能力的问题也不少。

与积极的官僚主义相比，消极的官僚主义就是找到对你说不的理由。他们严格按照规章制度办事，当有质疑的时候，就说：不。坚持按照条例和规范，这种类型的人会非常教条主义、缺乏灵活。他们讨厌不确定性和避免做价值判断，它的反面恰恰是建筑师擅长的领域。他们回避风险，对任何没有在文字条款上清晰表述的行为都不予考虑。因为没有任何规范或制度能够预见每一件事情的结果，消极的官僚是创作型建筑师在创作道路上的最大阻碍。

同样令人遗憾的是，有一些官僚，几乎是本能地抵触任何创新、改变或者实验，尽管这些活动能带来新的成就或者发现新的潜力。很多这种类型的官僚行为，其动机都是为了保住工作。他们害怕被批评，愿意为洗清自己的过失做任何的弥补。这些官员甚至会对和自己部门打交道的人的动机都会产生质疑，虽然表面上看起来是在保护公众权益和节约纳税人的钱。这些官员通常都会怀疑个人利益是否企图凌驾于某些底线之上：抄近道找捷径，收费过高，虚报费用，和其他的顾问或者建造商搞阴谋。另外，和其他类型的客户一样，他们也可能要求和期待一种不可能达到的完美结果。

部门作为官僚机构，可以集体行动。有时候建筑师会发现，真正消极的是主导政策，特别是关于对创造性建筑设计的限制。比如，很多学校董事会和教育部门都采用一些规范和设计说明，其中针对教育建筑只能允许最为传统的设计解决方案。美国工兵最为人所熟知的就是采用严格的工程手段来处理设计，他们要求雇用的建筑师就必须像个工兵一样按照规定的手段工作。联邦、州，以及地方住宅管理当局所倡导的设计标准和其他的规范，对于建筑师开发创新的住宅项目来说有诸多的限制，甚至想在节约经费和节约能耗的创新上动脑筋都很难。

建筑师在为政府工作时还会体验到其他挫败感。人事变动可能会延缓项目设计的进度，因为新上任主管合同的官员可能和他们的前任有完全不同的观点，对委托项目的理解角度也不同。管理机构在经过改建后，往往会发生翻天覆地的变化。有时候即便是启动了的项目也会暂停或终结。预算可能会突然变动，迫使建筑师大改设计甚至要推翻重来。

大部分由政府营建的项目一旦启动设计程序，就会有非常激烈的竞标，因为这要从理论上确保纳税人的钱能够在建造市场中发挥最大的价值。同时这也意味着并不是政府部门或者建筑师能够了解到具体的投入成本，要等到大部分建筑工作完成以后才能有个大轮廓。如果预算跌到了谷底，标价就也会低得惊人。有时政府部门会需要建筑师修改校核，但不会给予额外的佣金补偿，建筑师多少都会有些尴尬。不幸的是，这种情况也会在非政府客户的项目中出现。

很多建筑公司从来不承接政府项目，然而也有一些公司特别专注于这种类型的项目。有些公司就是靠和政府部门合作而发家的，但是另一些，在合作了一两次后则选择放弃，抱怨说他们的合作结果就是自己亏钱还被折磨得死去活来。你有什么样的客户，这取决于你是什么类型的建筑师，任何情况下都是如此。

公民和社区客户

我们这些建筑师都是倾向于当个理想主义者和变革者，我们的眼光不仅仅着落于审美创新，也要着落于社会改良。因此我们中的一些人，将理想主义带入了社区、家乡和城市，希望能够改善我们的居住和生活。很多有公德心的建筑师经常会提供无偿的服务，有时候只收一些微不足道的象征性费用，为本地的居民团体和社区组织提供服务，目的就是能够为当地做出贡献，让社会变得不一样，让环境变得更优美。做义工的建筑师和建筑学生创建了很多社区中心，用来帮助有需要的租户、房屋业主和社区邻里们。实践建筑师一直在公共学校、流浪居所、诊所和其他组织的服务上投入了大量时间，这些组织通常都缺乏足够的资金支付建筑公司的设计佣金。

　　建筑师也可以服务于社区委员会、市政咨询机构、历史保护委员会，或者城市规划委员会。他们可能收费不多，甚至分文不取，但是本地居民无不感激这些建筑师的贡献。在大部分社区都有很多这样的

机会，建筑师可以直接参与到公共服务中。那些自愿投入时间，并且能够见到成效的建筑师就更容易受到邀请，将社区服务继续做下去。问题就是，当受到邀请时，什么时候该同意，什么时候该拒绝，这就要看业务时间是否紧张了。

一般来说，社区作为客户有两大好处：第一，它能够带来服务他人的心理满足感；第二，顺带着不经意间，能够增加你的公众曝光率，这一点可以为你带来其他客户的关注，有一些就很可能成为下一次的合作客户。

很多建筑师都意识到，公共政策直接影响着建设环境和生态自然资源。他们也会意识到政府立法可以直接影响建筑师和建造设计。因

客户和建筑师：对设计的看法

此，这些人希望自己的发声可以被听到，从而影响公共政策的走向。

有大量的建筑师，据报道有超过 1200 位之多，已经被任命或者选举为公共官员，成为市政、郡县、州，或者联邦官员。可能是因为建筑师已经越来越理解公共决策的结果，他们中的更多人将会寻求另外一种途径：通过成为公共官员，能够积极正面地影响社区发展，为建筑师和建筑学做出贡献。

12　我们这些建筑师

在本章，你应该比前面的 11 章更能理解建筑师专业的特点。当然，没有书可以完全地展现出建筑专业的独特性和杰出的成就，以及它的细腻微妙和独特之处，它持续变革的价值和方法，它令人畏惧的挑战和缺陷。没有书能够全面地描述出建筑师这个群体所独有的多样性。然而，我们还是可以用最后这几页来丰满对建筑师的写照，以及他们所创造和栖息的亚文化。

经常可以看到一些流行的版本，将建筑师描述成为英雄。然而，这些特别浪漫化的英雄图像都是因为对人物特征过于简化的描写而导致了大众的误解。现实中大部分建筑师绝对不是英雄化的。考虑到他们的一些言谈举止、处世态度、社会行为，其中也确实有一些很突出的性格特点。回忆一下你在前面所读过的，试着去勾勒出一个特别的建筑师，再想想你可能变成什么样的建筑师。

建筑师的类型

有些人命中注定就是建筑师，有着成为设计师的天赋，而另一些人则是出生的环境造就了自己个性的养成和职业目标的确立。尽管建筑师需要智慧和艺术天赋，但后者是基于自己出生时的社会地位，拥有助益良多的人际关系，也可能是继承的遗产。他们一开始就有全世界的潜在客户，对于其他人来说这是可遇而不可求的。平易近人并且自信，具备天生的个人魅力和老练精明，他们选择参与建筑实践，是为了艺术和文化追求，而不是把建筑当做生意来做。如果掌权的人物影响了建设，或者有些人自己就已经成为掌权人物，而不受生存财政状况的约束，那么成为一名精英建筑师就是拿到通向成功的门票了。

　　另一种是艺人型的建筑师，可以通过言谈举止表现自己的才能，而不是依赖于社会背景或者遗传的天赋和智商。借助于语言和行为表现，艺术家通常可以把自己展现得华丽夺目，并且经常是反传统的风格。他们非常聪明，可以非常严肃，也可以引人注目，不会害羞或者自恋。他们善于表现，也很擅长当一名听众。大部分的艺人型建筑师乐于通过时尚的方法演绎自己的艺术品位：他们穿什么，他们怎样生活，他们读什么书，他们寻求什么样的娱乐。

　　在其他专业中十分平谈无奇的一些性格特点，换到建筑师的身上可能表现得格外突出。当其他的人、理念、活动与这些建筑师的兴趣、需求、活动不匹配的时候，他们可以很明显表露出轻蔑和鄙视。他们通常看起来很傲慢、自负浮夸、爱慕虚荣、喜怒无常。当家花旦型的建筑师能够合理地成为公众人物，但其他类型的则不太可能。当家花旦型的建筑师和谦虚是没有交集的，这些人会毫不犹豫地告诉你他们自己有多么才华横溢。

　　建筑领域里不乏创造型的幻想家，他们会凭空想象和提出无法实现的项目。幻想家不会因实际问题、传统或者大众接受度而受阻。一个敢于冒险的人，沉浸在概念的世界里，幻想家可能还会使用令人瞠目结舌、打破旧习的手段，使用幻想作为一种文化或者政治批判和评

论的工具。从类型、尺度或者技术方面寻求突破，设计出幻想的作品。他们的作品可以同时具备讽刺的、挑衅的、象征的和有启发感悟的特点。通常这些幻想都是异想天开、乐趣无穷的。在否定现实的基础上投入自我，这样产生的理念应用在现实中需要保持谨慎。

相比之下，很多建筑师都是实用主义的，从事的是非常接地气的工作。他们是实践者，踏踏实实地做工作，相比幻想，他们更注重实用。他们可能不像个知识分子，但是事实上，他们可能学富五车，理念十分清晰实用。他们喜欢为了建筑本身的需求去思考，实事求是从本质出发进行设计和建造，关心的是功能、成本和工期。脚踏实地的建筑师，规避纯艺术导向和口头化理论，不太关注美学的表面意义，而是在探寻达到美学的途径。

实践建筑师也会有很强的管理和组织能力，反映了他们在项目实施上的兴趣。我们口中经常提到的那些熟知如何使建筑拔地而起的建筑师，那些熟知细节设计、建筑材料、技术系统和建造过程的建筑师，就是这样的一群人。但是全神贯注于实践，也可能会阻碍创新的设计思想，因为经常与这些实际工作打交道，就是在不断地重复之前的工作。因此在设计团队里，经常有幻想型的建筑师和实践型的建筑师发生争执。

任何类型的建筑师都能令人倾慕，甚至着迷。对事物着迷不一定是坏事，在建筑实践中，有成百上千的任务都需要高强度、细心、全面投入。上帝和魔鬼都在细节之中。因此，那些要求自己 100% 完成既定目标，全身心投入工作的建筑师，真的是公司的财富。他们全面彻底、百般挑剔、持续执着于工作中，孜孜不倦地投入，公众的安全正是基于这种孜孜不倦。难道你没有这样的感觉吗：置身于一个经过全身心投入设计的建筑作品中，要远比那些不太上心、草草了事的建筑更让人感到安心舒适。

但是变得过度痴迷，就是一种妨碍了。当变得极端和非理性的时候，会导致理性和感性的双重盲点，会对基本的建筑需求和创造可能性的探求造成巨大的障碍。过度痴迷的建筑师会让同事和客户觉得很不合群，他们经常粗鲁地拒绝理性，义无反顾地一头扎到了几何造型、风格样式、建筑材料，或者颜色的思考上，无论这种思考相对于整体逻辑有多么的不合时宜也绝不妥协。建筑师有时候会有糟糕的建筑表现，就是因为个人过于痴迷于自己糟糕的理念——执念。当然，我们更推崇把理性为先的推敲与活力激情的投入相结合。充满活力和过度痴迷之间的区分十分微小，但是心态本质却是完全不同的。

建筑事务所里最不缺的就是辛勤工作的人。和脚踏实地以及理性执着投入的建筑师一样，这些工作狂们对建筑实践来说也是必不可缺的。他们主动承担工作，而且稳重、勤奋，即便大都是做些单调乏味的工作。他们一直坚持下去直到工作结束。他们干的是苦差事，这些工作在建筑实践中占据了绝大多数的时间。这些辛勤的人可以持之以恒，但是却谈不上是痴迷于这样的单调工作。面对困难和方向的变动，他们很容易适应多变的环境。大部分勤劳的人都很服从权威管理，并乐于接受工作安排和指令。

建筑商业自然也会有商业类型的管理。很多建筑师选择成为经理和企业家。经理主要负责主管、引导员工并监督整个工作流程，他们有责任也有权利。为了使工作能够卓有成效，他们需要领导能力，要在矛盾冲突以及外界施压的情况下做艰难的决定。他们仿佛有一种本能：对各种组织活动和办公室政治都能驾轻就熟。

在建筑实践中，项目和公司都需要管理。在这一方面，建筑学和其他的商业一样。公司会计、财务、员工、商业开发、办公设备和实体设备都需要管理，伴随着特定的、日常的项目运营。如果没有强有力的管理，就可能出现组织混乱和财务亏空。因此专业经理是非常重要的，同时也是高收入的工种，这在建筑实践中也不例外。

但是经理也可能会出问题，胡乱地干扰管理结构，或者不合时宜地干涉公司的运营，都会对其所掌管的工作造成负面影响。被动的、放任自由的经理会因为领导能力不足和定位方向不佳而成为工作阻碍。他们会因冒险而导致失控，甚至失败。缺乏关注与引导可能导致挫败和士气低落。好的经理可能并不是那么讨人喜欢，但是他们会被人尊重。无论多么让人反感和不悦，他们都可能一直保持这样的做事风格。

并不是所有的经理都是企业家。毕竟，企业家都是冒险家，愿意接受失败和收获。有意识或者无意识地，他们在冒险的过程中兴旺发展。企业家是在创造、获得和控制商业或者项目，有市场意识，善于把握机会。任何擅长创造新理念的人，随后都有能力聚合资源，并利用好这些资源，这就是企业家。企业家也不得不做大量的人脉工作，这就需要社交和口头表达能力，这在之前的章节中已经讨论过了。这些人的外向性格，帮助他们联系并参与到专业、市民和社会组织当中，这其中混杂着同事和潜在的客户。结识朋友，交换理念，获取信息，并在项目上占得先机，让他们的公司更多地曝光并为世人所知，这就是建筑师的公关能力。

很多建筑师渴望可以像文艺复兴时期的人。发生在欧洲的文艺复兴，导致了从 15 世纪到 17 世纪，世界大发现时代的到来，这是一个人本主义胜过神秘主义和自然神学的时代。它造就了西方文明最有创造力的发明家、艺术家、建筑师、哲学家、匠人、科学家、工程师和建造者，其中有莱昂纳多·达芬奇、米开朗其罗、安德里亚·帕拉迪奥、艾萨克·牛顿。因此，文艺复兴人的特点，都是博学通晓跨学科知识，又具备天赋和技能，是通才与专才的完美结合。

这样的志向对建筑师来说依然有着非凡的现实意义。作为一名建筑师，需要文韬武略，吸取各个跨学科领域的知识，具备对复杂、不确定、千变万化的环境快速反应的能力。建筑师一定要能够和木工、泥瓦工、银行家、律师各种职业灵活地沟通交流、协调工作。建筑师是艺术家、诗人、工程师、社会科学家、商业管理人才和交际达人。成为一名文艺复兴巨匠是一种挑战，但也是很多建筑师真心向往的。尽管今天很多文艺复兴气质的建筑师，可能无法创造最前沿的或者永恒的建筑，但是他们都在尽全力向文艺复兴的巨匠们靠拢。

偶像与追捧

在每个历史时期，都有属于那个时代的风格运动和流行趋势，在建筑界也都有它的建筑英雄，他们得到了业内广泛认可和称颂。有很多人变成了公众人物。他们可能不仅仅是因为设计作品而被大众崇拜，也包括他们的理论和教学，他们的批判性洞察力，或者他们的艺术和文学造诣。建筑文化的发展，如果没有众神——这些被自身所处时代的同伴、教师、学生，特别是新闻工作者们赞美的先知倡导者们——建筑就不可能存在。众神轮流更替，一直都会有大神级的人物主宰。但也只有少数人，诸如赖特、柯布西耶，能够成为永恒的建筑大神。

　　建筑先行者们不仅代表而且已经超越了"实用、坚固、美观"的维特鲁威思想。很少有人会崇拜那些只是合格工作或者叫善于工作的

建筑师。取而代之的是，人们大都对那些风格特别、先锋派的建筑师膜拜有加。通常，他们的作品是被视为创新的、打破了旧观念的，无论是视觉表达还是逻辑演绎都极具震撼力，通过诗性创作般的激情体现出卓越不凡的建筑魅力。有时候，实践从业的英雄们，通过写作和口头表达，诠释了他们的作品中诗性和超然的品质。这种解析能力是最具有理性魅力和启发作用的，最坏的结果就是让有些人觉得晦涩难懂。

建筑可以表达的信息量非常丰富。但是，大多数情况下，我们听到的理念和象征的发声，只来自于那些英雄一般的建筑师。他们作为

建筑信息的发布者，伴随着志同道合的一群评论家和信徒们给予评论和解释。这些解释可能无法让我们理解，无论他们的解释听起来多么有意义。你听到和读到的所有关于偶像的故事都要小心谨慎地思考辨证后再吸收，保持一个开拓但批判性的思维去思考问题。建筑是一个非常劳累的工作，有很多令人厌烦的陈词滥调，这都是一些英雄设计师们曾经原创的新理念，变成了今天的残羹剩饭。很多不同寻常的怪异设计理念都是新闻记者在寻求热点话题，刺探出来并包装兜售的媒体卖点。当然，也可能，这些怪异的理念确实就是一些糟糕的理念。

进化中的职业面孔

当我在 20 世纪 60 年代，还在 MIT 读建筑学的时候，班上只有一位女同学，剩下的全是美国本土出生的白人男同学，大部分都非常年轻，还是单身。因为随后学生构成发生了很大变化，很多女孩子都和男孩子一样来学习建筑学，我执教的设计工作室，女同学反而成为了主力。今天，很多美国建筑学的学生，都是非洲、亚洲、拉丁裔的。在本科和研究生阶段，美国建筑学院通常都是由来自亚洲、欧洲和拉丁美洲的同学组成的。

建筑学的学生不仅在民族背景和国际背景上十分多样化，而且他们在年龄和社会经济背景上也非常多样化。越来越多的人进入研究生院学习，他们都是在其他领域有学位有经验的人，还可能是家庭主妇。看到一个中年人和 20 多岁的年轻人一起在建筑学院学习，这早已经不是什么新鲜事了。

但是有些事情还是不会像人们期望的那样有什么太大的改观。白人男性依然是专业的主体。大部分建筑公司的老板和建筑学院的教授都依然还是男性。非洲裔美国人在建筑职业和建筑教员组成的人数以及在建筑学专业学生中所占比例都相对较小，尽管在大学里，反歧视运动早已开展多年，但构成主体改变不大。

　　女性面临着男性不会面临的家庭压力。在怀孕和抚育下一代期间，需要投入全部精力和时间，这对那些当母亲的建筑师来说真的太难了。对于一些在公司工作的女性，这可能会导致在工作管理岗位的竞争上，与男性相比，基于资历、经验和报酬都不占优。直到 20 世纪 80 年代，女性建筑师依然要比男性建筑师年轻，因此很少能够参与到实践或者教育的领导岗位上。大部分女性都做室内设计，很少会负责施工管理或者是戴着安全帽下工地、跑现场、对建造商做现场指导。但是，当今的女性越来越多地在专业的各个领域担当着重要的角色，取得了应有的地位。

　　历史上，非洲裔美国人在大学都不会选择建筑学，一直以来都感觉白人男性才是建筑业的主体。在非洲裔美国家庭和社区内部，建筑

师看起来是一个非常深奥、没有天赋就不会考虑去从事的职业。即便是黑人学校，也要费尽口舌地劝说黑人同学去选择建筑学专业。统计显示，非洲裔的建筑学导师数量依然很少。但是在美国，黑人建筑师有着源远流长的历史，非洲裔建筑研究生和任何人都一样，所有人在教育方面都应该是平等的。

民族、性别、国籍，这都和建筑师无关。个人能力、知识眼界、献身精神、道德人品，这才是建筑学最看重的。因此，无论你是谁，无论你从哪里来，无论你外表长相如何，如果你想成为一名建筑师，并且有一些天赋，就没有任何障碍能够阻挡你追逐梦想。

后记

这有一些简短的提要和评论，以及我对你能够阅读本书表达真挚的感谢。

成为一名建筑师

在高中毕业后，至少需要花费两年，或者更多的时间，来接受大学级别的通识教育，之后再决定是否选择建筑学专业。在各种选修课中去体会，探索多样化的个人兴趣，尽可能多地参与体育运动，偶尔旅行一番，在你完全投入三四年的时间进行建筑专业的学习前，找到内心追求的方向。如果你在高中一毕业就投入 5 年时间，用来获得建筑学学位，这对一个年轻人来说是很难的。

选择建筑院校，要对每年发布的建筑专业院校排名保持谨慎的态度，特别是世界新闻和世界报道中关于美国大学的统计排名（通常这些排名在 3 月份的时候发布）。他们排名的方法是通过向学院的院长或者其他的一两名有硕士学位的高级教员发放调查问卷的方式，让他们来给建筑学院排名。回复率大概占到了 50%~60%。排名方法非常肤浅，而且漏洞百出。它忽略了大部分建筑学教员和校友的观点意见；它忽略了本科教育的通识性；它假定了只有院长和高级教员才会对其他学校课程安排、学位设置、学术实力、教员水平了如指掌，这是一个非常含糊的臆测；而且，由于其只关注过去的声望，这就不可避免地会造成很多惯性思维的假象。毫不意外，院长和高级教员的母校往往总是会蝉联榜单。

如果你在学习建筑学的过程中，技不如人，或者感觉不到一丝一毫的开心，请考虑其他的出路，暂时去工作一年，少选一些课程，甚至考虑转专业。建筑师并不轻松，但是如果你选择了，就应该享受激情、满足、乐趣无穷。

有些学院在学生完成建筑导论课程以后，会提供可以选择的学术发展轨道，这些轨道是传统的强调设计为中心的学术轨道的一些替代方案。这些项目非常符合很多建筑专业学生的要求，他们发现建筑设计并不是他们的强项，而在其他方面却很有优势：历史、城市规划、房地产开发、技术、景观建筑学、室内和家具设计、商科和管理。

建筑学院应该是倾向于培育数量少但是品质优的建筑设计师。同时，建筑学院应该可以提供更多的非设计、非专业元素的学习资源，提供更多课程给那些不去追求职业建筑学位，而只是对建筑学感兴趣的学生。然而，认证的专业项目不能为了非专业和通识性教育而打折扣。

作为一名建筑师

当你结婚了，就要谋划你的事业并考虑其对婚姻的影响。结婚生子，如果太年轻可能对那些工作时间超长但收入中规中矩的建筑师来说，是巨大的压力。经常有人会调侃说："不要嫁给一名建筑师，应该嫁给一个可以在收入上经济独立的人"；或者"去找一个你爱，又有钱的人结婚"。

不要忙碌不堪，而要从容不迫。在三四十岁以前，没有必要孤注一掷，因为你有太多需要学习的了，建筑师一生都在孜孜不倦地学习。你最需要的是有能力学习新事物，并在任何年龄阶段勇于向一个新的方向出发。

要清楚，今天的流行早晚都会新鲜感不再。现在看起来重要的事情可能不久的将来就变得无足轻重，被人遗忘。建筑师一定要抓持久的价值，就像他们的建筑作品一样，能经受住几十年、几百年的考验。即便是建筑杂志、评论家、教师都不可能免地受影响，可能会被时下的品位和趋势所影响而做出自己的论断。

要有抵制诱惑的能力：来自任何事、任何人的诱惑。如果你选择了做一名实践建筑师，那你在做建筑的时候就是在实现你的人生价值。建筑师和工程师、建造商、社会学家、财务分析师或者地产开发者都不同。因此，当你决定做一名建筑实践者，你的关注点就应该集中在与建筑息息相关的环境改善上，要避免为了一时的经济利益而动不动就转到了其他领域。创造好的建筑和好的城市，这个挑战已经足够大了。

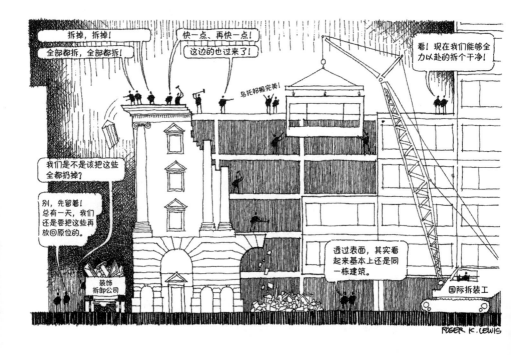

要记住，是什么让建筑学成为如此有吸引力的职业：很多回报都来自于建造形体的设计，创建出有用的、视觉丰富的环境；将艺术、技术和社会科学融合为一体；有机会去体现社区的领导力；被尊敬的客户、同事和大众所感激和认可。建筑师必须面对的阻碍、挫折、财

务限制和风险，这些都是事业奋斗路上不可避免的。但是对于那些有天赋、有激情、抓住时机、好运相伴的人来说，没有其他事业可以与建筑师相比。